Great Inventions

品牌科普
探秘者

伟大发明

集聚人类智慧结晶

《探秘者系列》编委会　编

Gathering the
Fruits of Human Wisdom

光明日报出版社

图书在版编目（CIP）数据

伟大发明：集聚人类智慧结晶 /《探秘者系列》编委会编 .—北京：

光明日报出版社，2011.1

（探秘者系列）

ISBN 978-7-5112-1027-2

Ⅰ．①伟… Ⅱ．①探… Ⅲ．①创造发明 – 世界 – 普及读物 Ⅳ．① N19–49

中国版本图书馆 CIP 数据核字 (2011) 第 018410 号

伟大发明：集聚人类智慧结晶

编　　者：《探秘者系列》编委会			
出版人：朱　庆		终审人：武　宁	
责任编辑：朱　宁　刘伟哲		封面设计：三石工作室	
责任校对：徐为正		责任印制：曹　净	

出版发行：光明日报出版社

地　　址：北京市东城区（原崇文区）珠市口东大街 5 号，100062

电　　话：010-67078245（咨询），67078945（发行），67078235（邮购）

传　　真：010-67078227，67078255

网　　址：http://book.gmw.cn

E – mail：gmcbs@gmw.cn

法律顾问：北京市华沛德律师事务所张永福律师

印　　刷：北京业和印务有限公司

装　　订：北京业和印务有限公司

本书如有破损、缺页、装订错误，请与本社联系调换

开　　本：787×1092mm　1/16			
字　　数：220 千字		印　　张：13	
版　　次：2011 年 3 月第 1 版		印　　次：2011 年 3 月第 1 次印刷	
书　　号：ISBN 978-7-5112-1027-2			
定　　价：24.80 元			

前 言

Great Inventions

　　从刀耕火种的远古洪荒，到今天高科技时代的太空徜徉，历史前进的每一个脚印，都记录着人类伟大的光荣与梦想！如果我们把人类文明进步史比做一部波澜壮阔的交响乐，那么，这一个个伟大的发明何不是这部交响乐中一篇篇壮丽的乐章?!

　　在发明指南针之前，人类在茫茫大海中航行，常常会迷失方向，造成不可想象的后果，是中国人发明了指南针，使人类航行有了方向，因此才有了后来的地理大探险，一个个不毛之地被开发，人类的生存空间得以延展。

　　蒸汽机的发明使人类摆脱了笨重的体力劳动，让机器为人类去工作，引发了一场工业大革命，对当时社会生产力的发展起到了巨大的推动作用。

　　电灯的发明改变了人类的生活，每当夜晚来临，城市中万家灯火，街上霓虹灯闪烁，整个城市在灯光的映衬下显得分外美丽迷人。

　　电子计算机的发明对人类文明进程的推动是无法估量的，因为它延长了人类神秘而宝贵的大脑功能，"让人类的大脑长得更大"。目前，计算机已经被广泛应用于政府公务、天气预报、娱乐健身、核武器研制以及航空航天技术中，不断地推动着现代科技革命的进步。

　　互联网被公认为20世纪以来人类最重要的发明之一。它是人类实现相互交流、相互沟通、相互参与的互动平台。它比任何一种方式都更快、更经济、更直观、更有效地把一个思想或信息传播开来。

……

本书精选了对人类进程有重大影响的 80 多项发明，共分为八个章节进行介绍。内容涉及网络信息、光电应用、交通应用、通讯手段、机械控制、化学应用、生物医学和军事武器，全面记述了每项发明的曲折过程以及给我们生活带来的重大影响。除了内容全面之外，本书还有以下特点：

体例明晰 本书各篇章先以简短的语言，对每项发明作概括性的介绍，让读者对该发明有总体性的认识；然后用生动的话语，结合发明历程中的故事，把发明的过程娓娓道来。另外，本书还独具匠心地安排了"相关链接"这个板块，简明地向读者介绍与本发明相关的知识，以求扩大阅读视野，增长读者见闻。

图文并茂 每篇文章匹配多幅精美的图片，与文章的内容相互照映，其中包括科学家的画像、科技发明成果、著名的科技著作等。这些图片可以清晰直观、生动形象地展示人类的科学技术发明，能更加鲜明地把科学技术成果呈现在读者眼前，同时还不失阅读的趣味性，拉近读者与科学发明之间的距离。

前沿性 本书遴选了近几十年来的重大发明，例如，电子计算机、互联网、程序设计、电子商务等，让读者领略前沿性的科技成果。

本书融科学性、知识性、趣味性、故事性于一体，让读者轻松地领略世界科技的重大发明，近距离感受科技发明与人类生活的密切关系，见证人类的前进足迹。

目 录
Contents

第四章 通讯手段

现实生活中的千里眼、顺风耳

第五章 机械控制

拓展视野，加速人类文明进程

第六章 化学应用

划时代的进步，来自于奇妙变化

第七章 生物医学

孜孜以求，呵护人类生命健康

第八章 军事武器

用高科技捍卫国家尊严

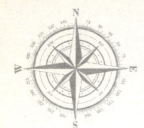

Great Inventions

程序设计 ——
搭建人机对话的平台

在人工智能的秘密被人类彻底揭示出来以前，通过程序设计，科学家们已经使得"人机对话"成为一种可能。程序设计指的是设计、编制、调试程序的方法和过程，它往往以某种程序设计语言为工具，给出这种语言下的程序。程序设计是一种目标明确的智力活动，是软件开发工作中的重要组成部分。

在1840年，人类就开始尝试通过某种方式实现人机对话，而程序设计为人机对话的实现搭建了平台。英国的阿达·洛夫雷斯应该不会想到自己会成为人类历史上的第一位程序员。

阿达·洛夫雷斯在穿孔卡计算机还没有正式出现时，便开始思考将来能否利用某种工具去解决一些现实性的问题。于是在1840年，她设计了利用计算机求解流体力学上著名的伯努利方程的程序，并创立了"循环"和"子程序"的概念。这两个概念在程序设计中具有举足轻重的地位。在这之后，阿达·洛夫雷斯在一篇论文中提出计算机在未来具有不可推测的发展潜力：它可以广泛应用于科学研究、工程制图，甚至是音乐创作中。同时她绘出了一份"程序设计流程图"，并且拟定了一些未来计算机的可能算法。

程序设计中指令的运行是一个不断循环直至达到目的的过程，因此我们可以把程序视为一种人为机器设计的游戏，而阿达所言的"子程序"，可以理解为"模块"。有了形形色色

❖ 人类历史上的第一位程序员——阿达·洛夫雷斯

的模块，就可以层层嵌套这种游戏的形式，使游戏更具有现实的意义。

为保证计算机语言的通用性和可靠性，美国军方曾经耗时 20 余年设计出了一套先进的计算机语言，他们将此语言命名为"阿达"语言，以纪念阿达·洛夫雷斯为人类程序设计所作出的贡献。

在计算机编程界，继阿达·洛夫雷斯之后，出现了另一位杰出的女性，她便是被誉为"COBOL 语言之母"的格蕾丝·霍波。1944 年，格蕾丝·霍波为哈佛大学的一台大型计算机开发程序，她还开发出了第一个编译器"A–O"。格蕾丝·霍波一直为创建一种接近于自然语言的编程语言而努力，这为程序设计语言的商业化应用奠定了基础。程序设计中的"bug"

❖ 被称为"现代计算机语言之父"的克里斯汀·尼盖德

（漏洞）一词，也是由格蕾丝·霍波第一个派生到计算机编程中的。这个词的出现还有一个小故事。

一天，她发现一台名为 Mark Ⅱ 的计算机在运行中出现了一些故障，后来在计算机的继电器中她发现了一只飞蛾，这只飞蛾影响了计算机的工作。格蕾丝·霍波将它小心地保存在笔记本里，还幽默地把程序故障统称为"臭虫"（bug）。

1967 年，第一个"面向对象"的程序设计语言"Simula67"诞生了，它是由挪威的计算机工程师克里斯汀·尼盖德和同事奥尔·约安·达尔开发的，被视为现代计算机语言富有革命性的开端。

克里斯汀·尼盖德将阿达创立的"子程序"这个概念继续深化，提出了"按组件编程"的思想。他认为，程序应具有"多态性"和"继承性"，前者使组件的分类更加详细，后者则体现出程序指令的通用性；程序应具有"封装性"，通过组件相关接口实现某部分信息被限制访问和修改。除此之外，程序还应具有"抽象性"；即它应该忽略信息中的次要方面，只关注主要方面。这些思想都使得计算机程序在某种程度上更加与人类的思维模式相接近，因此，克里斯汀·尼盖德被称为"现代计算机语言之父"。

Great Inventions

磁存储——
一粒米装下一座图书馆

> 磁存储技术是信息存储的一项重大成就。它目前主要应用于电脑磁盘领域，此外它在磁带及银行磁条卡中也有应用，利用它可对多种图像、声音、数码等信息进行转换、记录、存储和处理。它的突出特点是"融万千世界于方寸之间"，"一粒米足可以装下一座大型图书馆"。

磁 存储技术的应用范围很广，其发明和应用的过程也是逐步完善的。1888 年，美国电子工程师奥伯林·史密斯提出了磁性录音的设想。之后，丹麦电子工程师浦耳生发明了磁性材料录音电话并在 1900 年巴黎世博会上展出，引起了各大电子厂商对磁存储技术的兴趣。此后科学家们发明了利用三氧化二铁涂料作为存储介质的磁带，此发明后来被德国 AEG 公司成功地进行了商业运作。

❖ 磁盘

科学家发明的视频信息存储磁带代替了早期只能存储音频信息的磁带。随着光盘技术和数字磁存储技术的出现，利用磁性介质存储数据的录音带和录像带逐渐退出了市场主阵地；不过，磁带如今在一些大型计算机中仍作为"外存"使用。在早期计算机中，磁存储还曾作为"内存"使用过。1932 年奥地利电子工程师陶舍克发明的"磁鼓"就曾作为计算机的内存被使用了几十年。直到半导体内存出现后，磁介质内存才在计算机中逐渐消失。

1957 年，IBM 公司开发出了世界上第一台配置了硬盘的计算机。他们在研制硬盘的过程中，先将磁性材料碾成粉末，使其扩散到直径 24 英寸的铝盘表面。然后，再将 50 张这样的磁盘安装在一起，造出了世界上第一个硬盘。此硬盘的硬盘机采用了类似于电唱机那样的机械臂，可以沿磁盘表面移动读取并存储数据。它的造价虽然超过 100 万美元，但其数据处理速度比传统的磁带机快了 200 多倍。雷诺·约翰逊也因此被誉为"计算机硬盘之父"。

❖ U 盘

1967 年，IBM 公司推出的第一张计算机软盘掀起了磁盘在计算机外存储器中应用的新的一页。1971 年，为 IBM 公司的第一个硬盘研制作出过重大贡献的阿兰·舒加特发明了直径 8 英寸的表面涂有金属氧化物的塑料质磁盘，这一磁盘是后来的"标准软盘"的前身。1979 年，日本索尼公司推出了 3.5 英寸的标准软盘。1979 年，艾伦·舒加特和几位朋友共同创建的希捷技术公司，专门为 PC 机研制小型高性能的硬盘。1980 年，希捷技术公司研制出第一台后来成为 IBM 公司的 PC／XT 个人电脑的标准配件的 5.25 英寸硬盘。1988 年，法国电子工程师阿尔贝·费尔和德国电子工程师彼得·格林贝格尔发现了"巨磁电阻"效应，这使得硬盘制造技术有了重大突破。两人因此而获得 2007 年度的诺贝尔物理学奖。

USB(通用串行总线) 接口是由英特尔公司的电子工程师安杰·巴特领导的科研小组在 20 世纪 90 年代初发明的，并从 1994 年起被应用在商业电脑上。我国朗科科技公司电子工程师吕正彬领导的科研小组在 1999 年发明了 USB 闪存。吕正彬为了解决拷贝资料时带来的麻烦，他与电子工程师邓国顺、成晓华等人共同研发出了可以直接通过计算机 USB 接口转移数据的"U 盘"并获得了国家专利。

Great Inventions

电子计算机——
这玩意儿比炮弹跑得还快

奏响知识经济时代的最强音 *Great Inventions*

从第一台计算机问世到今天，虽然只有短短60余年，但是计算机已发展到第四代产品，目前人们正在为研制第五代智能计算机而奋斗。电子计算机以人工智能为基础，具有处理人的自然语言能力，能实现人机对话，有高度的智能。目前，计算机已经被广泛应用于政府公务、天气预报、娱乐健身、核武器研制以及航空航天技术中，不断地推动着现代科技革命的进步。

电子计算机的发明是史无前例的，它对人类文明进程的推动是无法估量的，因为它延长了人类神秘而宝贵的大脑功能，"让人类的大脑长得更大"。

那么，历史上的第一台电子计算机是在怎样的情况下产生的呢？

那还是在第二次世界大战期间，美国宾夕法尼亚大学的莫尔学院电工系和阿伯丁弹道研究室共同负责每天为陆军提供六张火力表。这可是一项十分急迫而又艰巨的任务。因为每张火力表都要计算数百条弹道，即使是一个熟练的计算员计算一条飞行时间仅为60秒的弹道也要花上近二十个小时，即便用大型的微分分析仪也得用15分钟左右的时间。

从战争一开始，阿伯丁弹道研究室就不断地从技术

❖ 电子计算机

上对微分分析仪进行着改进。由于众多计算员没日没夜地工作才能应付对弹道的计算，搞得大家十分疲惫，许多人都有怨言。在这种情况下，莫尔小组决定开发先进的计算机来完成这项艰巨的工作。美国国防部对此也非常支持，给他们提供了一笔相当可观的经费，于是研究电子计算机的莫尔小组便忙碌起来。

这是一群年轻人，精力充沛，活力十足，有一股玩命的工作劲头儿。提出电子计算机总设想的莫克利当时30多岁，总工程师艾克特当时也只有24岁，数学家兼组织者戈尔思坦和逻辑学家勃克斯也都很年轻。

1946年2月14日是计算机发展史上一个值得纪念的日子。

这一天在美国宾夕法尼亚大学的莫尔学院，许多人心情激动地参加一个可载入史册的典礼，

❖ 人类历史上第一台现代电子计算机

即人类历史上第一台现代电子计算机的揭幕典礼。

这台机器被命名为"电子数值积分和计算机"，它是一个占地面积达170平方米、重量达30吨的庞然大物，耗电量十分惊人，功率为150千瓦，共使用了将近两万个电子管。在工作时这些管子看上去简直就像两万只点亮的灯泡。它在1秒钟内能进行数百次的加法运算，这在当时属于划时代的高速计算机了。由于用它计算炮弹着弹位置所需要的时间比炮弹离开炮口达到目标所需要的时间还短，因此被誉为"比炮弹还要快的计算机"。

别看这台"比炮弹还要快的计算机"的计算速度很快，但是它没有真正的存储器，工作人员一般要提前做几小时甚至几天的准备工作才能让它计算

一道题，而它真正计算题的时间只有几分钟。可见，在当时使用电子计算机是多么麻烦的一件事。正因为这样，科学家诺依曼一直想对这种计算机进行改进，当他担任了阿伯丁弹道实验研究所顾问委员会委员、海军兵工局顾问等职务，又参加了原子弹的研制工作之后，更是亲自体会到大量繁琐的计算让人筋疲力尽，因此发明一种有实际使用价值的新型电子计算机，成为他一生的梦想。

自此以后，诺依曼经常来到莫尔电气工程学院。他召集莫克利、艾克特、戈尔思坦等科学家，对电子计算机进行技术攻关。他们对第一台电子计算机进行了改进，首先把十进制改成二进制，然后把程序和数据一起贮存在了计算机内，这样，计算机的全部运算成了真正意义上的自动过程。这种设计方案为诺依曼赢得了"现代电子计算机之父"的桂冠。

在诺依曼对计算机的两个方面进行改进之后，1949 年，根据诺依曼的研制方案，英国专家威尔克斯又设计制造出世界上第

❖ 被称为"现代电子计算机之父"的诺依曼

一台程序存贮式计算机，这也是世界上第一台属于第一代的电子计算机。由于这种计算机的结构复杂，价格昂贵，因此直到 1956 年美国总共才生产 1000 多台。但是，它为人类今后研制第二代、第三代电子计算机产生了巨大的推动作用，为人类的科学进步作出了杰出贡献。

自 1960 年后，计算机发展上了一个新的台阶。人们不断将分散在各地的计算机通过通信线路连接成远程计算机网络。通过这样互相连接的网络，计算机与计算机之间能方便地交换信息和数据，实现所谓的"资源共享"。

之后，美国科学家创建了国际互联网。这是一个互相连接的国际网络，

是一张连接全球信息的大网。网上不仅流通文字信息，而且能流通图像、动画、语言等多种形式的信息，使全世界的各种信息瞬间尽收眼底。

进入 21 世纪，电脑更是笔记本化、微型化和专业化，每秒运算速度超过 100 万次，不但操作简易、价格便宜，

❖ 笔记本

而且可以代替人们的部分脑力劳动，甚至在某些方面扩展了人的智能。于是，今天的微型电子计算机就被形象地称做"电脑"了。

今天的电子计算机已风靡全球。随着科技的发展，出现了一些新型的计算机，比如生物计算机、光子计算机、量子计算机等。可以看出，除科学计算外，计算机应用的领域在不断扩大，成为人类处理各种问题的得力助手。

中国早期的"计算机"

在人类文明发展的过程中，中国曾经在早期计算工具的发明创造方面书写过光辉的一页。远在商代，中国就创造了十进制记数方法，领先世界千余年。到了周代，中国人发明了当时最先进的计算工具——算筹。算筹是一种用木、竹或骨制成的颜色各异的小棍。在计算数学问题时，通常采用一套歌诀形式的算法，计算的过程中不断地重新摆放小棍。大约公元前5世纪，中国人发明了算盘，并且广泛应用于商业贸易中。算盘被认为是最早的"计算机"，并一直使用至今。算盘在某些方面的运算能力甚至超过了当今的计算机，它体现了中国人民的智慧。

Great Inventions

条形码 —— 给商品办个身份证

现在，作为商品一种独特标志的条形码，已被全世界各国广泛采用，然而它不仅仅用于商品管理，还应用于产品装配测试、邮递管理和书籍管理等领域。条形码的出现，加速了全球商业社会中产品和信息的流通。在计算机被广泛应用的前提下，条形码系统在当今全球经济时代成了开展商务活动的最关键要素。

条形码技术是一种数据输入技术，它是将宽度不等的多个黑条和空白，按照一定的编码规则排列，用以表达一组信息的图形标识符。常见的条形码是由反射率相差很大的黑条（简称"条"）和白条（简称"空"）排成的平行线图案。

在商品上打上条形码，就像给商品办了身份证，这给商品的分类与集散管理、销售和盘存等等，都带来了极大的方便，尤其在商场营业中，条形码通过与电脑连接的光电扫描器识别计价，快速而准确。所以，我们到超市去买东西的时候，看到货架上摆满的琳琅满目的商品，不论大小，不分种类几乎都贴有条形码。当我们买完东西付钱时，也不必像过去那样担心服务员会算错账，因为服务员只要用扫描器轻扫一下条形码，商品的价格就会快捷准确地出现在电脑上。

然而，你知道条形码是谁在怎样的情况下发明的吗？

条形码的雏形是一种类似"牛眼"的商品标识码，

❖ 条形码

它是 1952 年由美国人诺曼·伍德兰德发明的。这种商品标志码是由一组同心圆环组成的,通过每个圆环的宽度和圆环之间距离的变化,来标识各种不同的商品。

上世纪 70 年代以后,随着商品经济的迅猛发展,商品种类日益繁多,在这种情况下,商人们都想找到一种简单有效的商品管理方法,即建立统一的商品标识码。因为当时计算机和激光扫描技术日趋成熟,所以利用统一的商品标识码对商品实行计算机管理的时机到来了。

1971 年,美国成立了标准码委员会,并由其来负责选择一种快捷、简单、准确,同时可以用激光扫描仪读取的商品标识码。设计"牛眼"码的伍德兰德代表 IBM 公司参加了这个组织。当时,IBM 公司在激光扫描技术和商品标识码的研究中处于领头羊的地位。

伍德兰德逐渐发现,自己所设计的"牛眼"码在实施上存在着很多困难。于是,他继续努力对自己的"牛眼"码进行不断地改进、完善。在实验中他发现,条形码比早先的"牛眼"码有更多的优越性和可行性。所以伍德兰德向委员会阐述了条形码的诸多优点并且指

❖ 条形码数据的识读

出"牛眼"码在实施上所存在的困难,委员会也认可了伍德兰德的意见。

1972 年,标准码委员会作出决定,将 IBM 公司推荐的条形码作为统一的商品标识码。这样,形形色色的商品有了统一的识别标准,也各自有了独特的"身份证"。1981 年,国际物品编码协会成立。1991 年 4 月,中国物品编码中心代表中国加入国际物品编码协会。

条形码数据的识读是由与电脑相连的光电扫描器完成的,速度快、准确性高,是人工所无法比拟的,所以条形码技术的应用非常广泛。以仓库管理为例,货物的入库、出库、统计、盘点,都可采用条形码阅读识别货物条码。人们只要输入相应数据和指令,电脑就可以打印相应的单据和报表,这样就大大地提高了工作效率,而且还实现了对货物的精确的盘点。

Great Inventions
互联网 —— 网聚世界的力量

　　随着电子计算机技术的应用，20 世纪 70 年代，世界诞生了局域网，到 20 世纪 90 年代，发展成为一个连接全球信息的大网，这就是今天我们常说的"国际互联网"。互联网像通向世界各个地域的"神经"，把大世界变成了一个"小村庄"。互联网被公认为 20 世纪以来人类最重要的发明之一，它是人类实现相互交流、相互沟通、相互参与的互动平台，它比任何一种方式都更快、更经济、更直观、更有效地把一个思想或信息传播开来。

　　互联网的发明和其他新事物的产生一样，都是一个逐步完善的过程。那么，人们是在怎样的情况下想到把电子计算机连接起来，形成互联网的呢？咱们还得从美国地震专家研究夏威夷群岛上的火山爆发和地震说起。

　　20 世纪 70 年代初，美国政府派一个研究火山活动及地震预报的专家小组前往夏威夷群岛进行科学研究。这个小组的几十位专家除了要带研究资料和必备的工具外，还要带上当时最先进的电子计算机，因为在计算各种繁杂的数据时离不开它。

　　由于这些专家分布在岛上的各个观测点，交流起信息来很麻烦，一位喜欢思考的年轻专家提出"为了有利于交流研究出的各种数据，是否可以把电脑主机连接在一起"的想法。

❖ 互联网连接世界

　　负责这个课题组的领导采纳了这个建议，因为如果把岛上的各个大型电脑主机联在一起，就能够实现资源共享，让每位科学家及时了解对方的研究成果和进度。

在领导的鼓励下，这个课题组使用无线电和电缆，使电子计算机上的信息迅速在各个成员之间交流起来。这便是现代国际互联网的雏形——局域网。

1975 年，美国国防部通讯局敏锐地认识到这个小组惊人"创举"背后的巨大潜力——如果把国防部的信息系统联系起来，这样，下达命令、传递信息将会更准确、更快捷。通信局的负责人请来了这方面的专家。美国国防部想通过电子计算机来迅速完成一场在战场上的信息传递"革命"，因为在战场上，时间不仅意味着胜败，更意味着生命的存亡。

此后，美国国防部建立了一个局域网，能够在不同的计算机间传递信息，并且不依赖于中央计算机。同时，相互传送信息的计算机被分为两个小网络，互联网实现了对时间、空间的跨越，它有效整合了文字、语言、图像等多种信息。

在 1990 年以后，网络的应用领域从军事转向民用，这就实现了

❖ 搜索网址

许多网络的大联合，而且连接地域已经超越了美国本土，扩展到欧洲、大洋洲、亚洲等国家和地区。互联网网聚了世界的各种力量，成了国际间互相连接的一张大网。1994 年，互联网也在我国"安家落户"。经过十几年的发展，我国的网民数量快速增长，中国的互联网发展潜力不可小视。

随着互联网的深入应用，目前已出现了网络媒体、网络广告等丰富多样的应用模式。电子邮件是最先得到广泛应用的互联网通讯工具。在历次互联网使用状况调查中，90%以上的互联网用户最常用的互联网应用服务都是电子邮件，因而电子邮件被称为互联网的第一应用。就我国目前的情况而言，电子邮箱数就有 1 亿多，用户拥有 E-mail 账号的平均值为 1.5 个，由此我们可以看出电子邮件在互联网通讯中的普及程度是相当高的。电子邮件之后，又相继出现了 IP 语音电话业务及视频技术的广泛应用。

当代世界，电脑和网络几乎进入到每一个城市的现代家庭中，信息化在世界范围内如火如荼地展开，互联网成了一种朝阳产业，有力地拉动了社会经济的发展。

Great Inventions

搜索引擎——
一秒钟抓出成千上万条信息

十年前我们要查阅资料、请教问题，更多想到的是请教专家、图书馆查阅等传统方式。互联网的普及与兴起、搜索引擎的出现，逐渐改变着我们的生活习惯和思维方式。很多问题"baidu 一下，你就知道"。搜索引擎是一个能从大量信息中找到所需的信息并提供给用户的系统，高效的站内检索可以让用户快速准确地找到目标信息。

布告栏可以看做机构公布信息的一个"媒介"。互联网出现后，我们可将这种"布告"电子化。在互联网领域，任何一个网站或博客都可以视为由形形色色的"布告"构成的信息集成系统。

可是在互联网信息海洋里找到我们想要的那个"布告"就成了一个问题，在这种情况下，互联网搜索引擎应运而生。谈到搜索引擎的发明，一定要先提到三位年轻的大学生。

1990 年，加拿大蒙特利尔麦吉尔大学的三位大学生——阿兰·英姆特吉、彼德·戴尔彻、比尔·威兰编写出了一种被称为"Archie"的档案检索系统。他们做梦也不会想到，在 1998 年，这个创意为一家名叫"Google"的公司创造了超过 1500 亿美元的价值，这堪称搜索引擎史上的神话。

世界上有更多的人被"Archie"程序的无穷魅力所吸引，他们纷纷展开搜索程序的研究。此后，美国内华达系统计算服务中心的研究人员开发出了"Gopher"搜索工具。美国麻省理工学院的研究人

◆ 谷歌搜索引擎

员后来开发出世界上第一个"Spider"程序，它形象地表示出这种程序能够像"蜘蛛"一样在互联网上攀爬并抓取信息。

20世纪90年代是一个不平凡的时代，搜索引擎在这个时期出现并且迅速发展。1994年4月，Yahoo公司创立，它利用数据库提供目录式检索服务，在刚开始的时候还不是自动收录搜索引擎，数据库的数据都是由人工输入的。而就在这个月，美国华盛顿大学的电脑工程师布莱恩·平克顿领导的研究小组创立了世界上第一个正式的互联网全文搜索引擎。1998年9月27日，Google公司正式诞生，由于它对动态摘要、网页快照、多文档格式支持、多语言支持等方面进行了创新，进而改变了人们对搜索引擎的原有认识。

搜索引擎在中国的发展情况如何呢？

从21世纪开始，中国人在搜索引擎的自主创新方面不断发展，电脑工程师李彦宏和徐勇创立的百度搜索引擎，在中国搜索引擎市场占有率中已经达到70%左右。搜狐公司于2004年8月投资成立了"搜狗网"；随后不久，腾讯公司的"搜搜网"正式上线；网易公司也推出了"有道"搜索引擎。微软公司于2009年5月也在中国创新出了"必应"搜索引擎。在不到五年的时间里，中外各大公司都看中了中国搜索引擎这块市场，这使我们感觉到了竞争的激烈性。

从全世界范围看，互联网搜索引擎使我们在网络时代获取信息更迅速、更丰富、更便捷。每个独立的搜索引擎都有自己的网页抓取程序，顺着网页中的超链接，它可以连续地抓取网

❖ 百度搜索引擎

页，一秒钟的时间就能找到大量的有效信息。作为互联网信息检索服务商的搜索引擎有点像"服务员"：你需要获得什么信息，它就可以为你提供什么，而且通常只需一眨眼的时间。而个性化是搜索引擎未来发展的重要特征和必然趋势之一，它通过搜索引擎的社区化产品的方式来组织个人信息，然后在搜索引擎基础信息库的检索中引入个人因素进行分析，获得针对个人需求的不同的搜索结果。

Great Inventions

电子商务——
足不出户逛商场

电子商务是一种新型的商业运营模式，它通常是指在全球各地广泛的商业贸易活动中，在因特网开放的网络环境下，买卖双方不谋面地进行各种商贸活动，从而实现消费者的网上购物、商户之间的网上交易、在线电子支付以及各种商务活动的过程。电子商务使商务流程变得更加简单，商品的价格也因此变得更加低廉。

互联网从出现到今天，只有短短的 20 年，在这短短的时间里，互联网及其相关技术创造了一个又一个的奇迹，比如，奇迹之一的电子商务，就能使人们足不出户便可以选购到精美的商品。

目前，电子商务的通讯基础是电子邮件和"P2P"即时通讯软件，它们的出现和运用，不但方便了人们在生活中的沟通和交流，也让商业信函无纸化成为现实，这大大降低了人们进行沟通的成本。

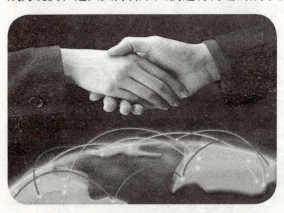

❖ 电子商务是一种新型商业的模式

传统商业流程中，如果我们有一项任务需要完成，可以将其转交给他人去解决；而收到此任务的人，可以将任务继续转交给另一人或另一个组织来完成。由此，商业流通中便出现了我们俗称的"大包"、"二包"、"三包"，这就是传统商业中的"发包"。"发包"的出现是由于社会分工导致的"竞争门槛"和营销渠道滞销促成的"佣金制度"造成的。

其实，这两种现象都在一定程度上增加了消费者消费商品的成本。而在互联网和电子商务的时代，我们倡导一种消除中间环节的商业模式，一种没有繁文缛节的生活方式。

随着信息技术的发展，全球分享与合作成为社会发展的趋势，每个人都有可能获得和别人一样多的信息，而传统商业中的发包模式将有可能彻底告别历史舞台。电子商务经由网络这种媒介，使人们可以足不出户，就能达到进行各种商业和贸易活动的目的。

在当代，电子商务的发展可以说是如火如荼，尤其是在欧美国家。以 eBay 网为例，1995 年 9 月 4 日，美国人皮埃尔·奥米迪亚在加州创建了一家拍卖式购物网站，现在它已成为世界上最大的网上拍卖市场。后来，他将公司更名为"eBay"，其口号是成为"世界的网上购物市场"。2002 年，eBay 网并购了世界上最大的网上第三方支付公司"PayPal"，使其业务获得了长足的发展。2009 年，eBay 网实现净收入 87.27 亿美元，净利润达 23.89 亿美元。当今，在全球电子商务领域 eBay 网的主要竞争

❖ eBay 标识

对手有 Marketplace 网、亚马逊网、Yahoo 拍卖网和阿里巴巴网。

那么，在我国，电子商务的发展情况如何呢？

中国国际电子商务中心透露，我国电子商务交易额年平均增长率已超过 70%，是我国 GDP 平均增速的十倍左右。2006 年，我国电子商务贸易额首次突破了万亿元大关。

从阿里巴巴网的发展历程，可以看出中国电子商务发展的迅猛态势。由原杭州电子工业学院的青年外语教师马云于 1999 年 3 月创立的阿里巴巴网，发展到今天，已成为全世界最大的"B2B"电子商务网站。在创立的当年它就引入了包括高盛在内的 500 万美元的风险投资；2000 年 1 月，日本软银又向阿里巴巴网注资 2000 万美元。自此之后，阿里巴巴网就不断得到风险投资基金的青睐。2003 年，阿里巴巴网又投资成立了淘宝网。2005 年底，美国雅虎公司以 10 亿美元外加中国雅虎换得阿里巴巴网 35% 的股权。

Great Inventions
威客技术——
实现人类最优秀文明的共享

近年来，随着互联网的发展产生了一个新的名词——"威客"。威客是指那些通过互联网把自己的智慧、知识、能力、经验转换成实际收益的人，他们在互联网上通过解决科学、技术、工作、生活、学习中的问题从而让知识、智慧、经验、技能体现出经济价值。威客模式利用人的智慧为新出现的问题寻找解决方法，并体现出知识就是财富的思想。

科学技术就像杠杆一样能够撬动社会经济持续增长，它能够帮助人类实现最优秀文明的"共享"。1995年，美国程序员沃德·坎宁安创立了"维基"的概念。维基是英文 Wiki 的译音，它的内涵就是参与式共同编写文章。我们可以从它的内涵中得出，在全体网民的参与下，人类的"概念知识元"可以采用"互动式百科词典"的形式不断地更新和发展。

人类的科学技术是以概念知识元为基础而形成的一种系统化的知识体系。"维基"是威客技术的重要基础。后来，在"维基"以"概念知识元"为中心的信息构建模式的基础上，威客技术又发展出了更广泛的利用"一切有价值的科学技术以及生活经验中的问题解决方案"这种解决问题的思路，从而使得互联网和人脑之间形成了一种更有效的联通，这是一种具有深远意义的重大突破。

◆ 美国程序员沃德·坎宁

024

知识要进行快速的传播，可以借助互联网的力量。"维基"使得人类科学技术的影响力能够借助数亿网民的力量得到发展，这是一种资源共享的体现。

过去，你遇到不明白的概念和知识，需要去求教专家学者或去图书馆查阅资料。现在，你只需要在搜索引擎中输入关键词，然后轻点鼠标，就能借助"维基"找到答案。可见，

❖ "百度知道"

威客技术旨在通过互联网，使科学技术及人类解决问题的有效方案能够在最短的时间传播开来，帮助人们解决问题。而科学技术的拥有者，则利用头脑中的知识和掌握的技术为他人服务从而创造价值。

2001 年，美国程序员吉米·威尔士、拉瑞·桑格和一群爱好英语的同伴共同创立了"维基百科"。截至 2008 年 4 月，"维基百科"已经收录了超过 230 万条概念知识元，它通过互联网使得"维基"的基本精神深入人心。

在中国，百度公司的科研小组于 2005 年创建出"百度知道"这一服务系统并正式上线。到 2006 年 12 月 4 日，"百度知道"收录的问题数就突破了 1000 万大关，时隔三年，"百度知道"收录问题已超过 7000 万个。其收录的问题，从科学技术、社会民生到婚恋烦恼等，几乎无所不包。无论在社会生活中遇到什么样的问题，你都可以直接通过该系统在最短的时间内搜索到答案。万一你遇到的问题在该系统知识库中找不到答案，你就可以发出悬赏提问，同样，你也可以通过回答别人的提问而获得自己的积分。这就建立起一种有效的机制，不仅调动了中国亿万网友参与互联网建设的热情，而且也让团结互助的精神不断得以发扬光大。

随着威客网站的流行，一种用现金购买技术的网站也开始风行，它们就是狭义上的威客网站。在中国，目前比较有名的威客网站有"威客网"、"雅士特外包网"、"任务中国网"等。这些网站的兴起，使得那些拥有艺术设计、文化创意等一技之长的专业人才能够将其技术转化成金钱。

Great Inventions

照相机——珍藏永久的美丽

> 在相机出现以前，伟人们只能通过绘画让后人一睹他们的风采。而如今，人们可以使用照相机把一切事物真实地拍摄下来，这些照片色彩鲜艳，图像清晰，而且利于保存，能够把稍纵即逝的美好时刻长久地珍藏起来。

照 相机简称"相机"，是一种利用光学成像原理形成影像并使用底片记录影像的设备。它的发明经历了一个漫长的阶段。

早在战国时期，我国的韩非子在他的著作里就曾这样记载：有一个人请画匠为他画像，可是3天以后他并未看到自己的画像，而只看到一块木块，他因而勃然大怒。可是，这位画师胸有成竹地说，"别急，请你修一座不透光的房子，在房子一侧墙上开一个大窗户，你就可以看到对面墙上你的画像啦！"画匠说得有板有眼，这个要求画像的人也只好将信将疑地照着这样做了。果然，墙上出现了自己的"画像"——当然，这"画像"是倒立的。

这就是物理学上说的"小孔成像"的原理，照相机正是根据这一原理研制而成的。

13世纪，在欧洲出现了利用针孔成像原理制成的映像暗箱，人可以走进暗箱观赏映像或描画景物，但这种景物的效果极差，图像极其模糊。

16世纪，意大利画

❖ 尼康相机

❖ 摄影暗箱

家发明了一种"摄影暗箱"，此时这种暗箱具有了照相机的某些特征，但它并不能把图像记录下来，还要用笔把投影的像描绘下来，所以这不能称之为真正意义上的照相机。

18 世纪中期，人们发现了感光材料，特别是达孟尔发现的感光材料碘化银，给照相机的问世注入了极有效的催产剂。于是，在"摄影暗箱"上装上达孟尔的银版感光片，就诞生了人类历史上第一架真正的照相机。

照相机的问世轰动了世界。初期的照相机体积庞大，十分笨重，携带十分不便，而且照相时要选择好天气，必须在晴天的中午，让照相的人在镜头前端端正正地坐半小时左右。为了让自己的姿容永留人间，养尊处优的老爷、小姐们只好耐着性子忍受这一苦楚。

19 世纪是照相机发展和照相技术改进的黄金时期。

1822 年，法国的涅普斯在感光材料上制出了世界上第一张照片，但成像不太清晰，而且需要八个小时的曝光。1826 年，他又在涂有感光性沥青的锡基底版上，通过暗箱拍摄了一张照片。

1839 年，法国的达盖尔制成了第一台实用的银版照相机，它由两个木箱组成。把一个木箱插入另一个木箱中进行调焦，用镜头盖作为快门，来控制长达 30 分钟的曝光时间，能拍摄出清晰的图像。

❖ 第一台实用的银版照相机

❖ 数码照相机

惠及人类生活的每个角落

Great Inventions

1858 年，英国斯开夫发明了一种手枪式胶版照相机。斯开夫用这种照相机为维多利亚女王照相时，曾闹出了一场不大不小的笑话。当斯开夫用照相机对准女王时，她的卫士蜂拥而上，将他"一举擒获"，事后才知道那"凶器"竟然是照相机。

1861 年，物理学家马克斯威发明了世界上第一张彩色照片。1888 年，美国柯达公司生产出了新型感光材料——柔软、可卷绕的"胶卷"，这是感光材料的一个飞跃。同年，柯达公司发明了世界上第一台安装胶卷的可携式方箱照相机。

之后，随着感光材料及摄影技术的进一步发展，照相机也不断地得到完善。1946 年，兰德和宝利金发明了"一次成像"的照相机。拍摄一张照片，只需要短短的几十秒，一张照片就会从照相机内慢慢地"吐"出来。现在，科学家又发明了不用胶卷、清晰度高的数码照相机。

如今，照相机已走进了千家万户，在人们的日常生活中占有一席之地，使人们的生活变得丰富多彩。

❖ 手枪型照相机

科学发展是没有止境的，在未来，一定会有更令人称奇的新型照相机问世！

Great Inventions

避雷针 —— 高楼的保护伞

> 现在许多的高楼大厦顶端都安装了金属棒，用金属线与埋在地下的一块金属板连接起来，利用金属棒的尖端放电，来避免雷击。这个装置就是"高楼的保护伞"——避雷针。

避雷针又叫"防雷针"，是大家都较为熟悉的事物，几乎每栋大楼都安装了它，是用来保护建筑物等避免雷击的装置。在高大建筑物顶端安装一个金属棒，用金属线与埋在地下的一块金属板连接起来，利用金属棒的尖端放电，使云层所带的电和地上的电逐渐中和，从而避免事故的发生。的确，由于避雷针的发明，人类生活的世界就多了几分安全。然而避雷针也不是万能的，建筑物是否遭雷击有很多因素，有无避雷针只是其中一种。

早在我国唐朝时期，《炙毂子》一书就记载了这样一件事：汉朝时柏梁殿遭到火灾，一位巫师建议，将一块鱼尾形状的铜瓦放在层顶上，就可以防止雷电所引起的天火。屋顶上所设置的鱼尾开头的瓦饰，实际上兼做避雷之用，这可认为是现代避雷针的雏形。

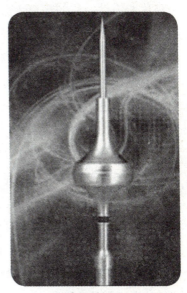

❖ 避雷针

除了书中的记载，还可从我国的某些建筑装饰传统中找到避雷针的影子。如在一些古代建筑的屋脊两侧，各探出一个龙头，为吞云吐雾状，甚是壮观。吐出的龙舌根部连接细细的金属丝循墙边直通地下。实际上这是一个设计巧妙的避雷针。

现代历史上关于避雷针的发明，有一段广为人知的故事。

在 1752 年 7 月的一个雷雨天，富兰克林带着儿子，手里拿着一个刚刚做成的硕大的风筝，并且风筝上面装有金属线，在金属线末端拴了一串铜钥匙。
富兰克林父子在暴雨狂风中将风筝升到空中，当雷电发生时，富兰克林手接
近钥匙，钥匙上迸出一串电火花，手

上还有麻木感。幸亏这次传下来的闪
电比较弱，富兰克林没有受伤。此次
实验后，富兰克林认为，如果将一根
金属棒安置在建筑物最顶部，并且以
金属线接到地面，那么所有接近建筑
物的闪电都会被引导至地面，而不至
于损坏建筑物。

❖ 美国科学家富兰克林

几经失败，富兰克林制成了第一
根现代避雷针。它的构造十分简单：
一根几米长的金属杆固定在屋顶上，
但杆子与屋顶之间用绝缘材料隔开，
杆子底端拴一根粗导线直通地下。它
的工作原理是：当雷电经过房屋附近时，电流会沿着金属杆通过导线直通大地，
保全房屋。

　　然而在避雷针的发明过程中，并不是每个人都像富兰克林这样幸运。俄
国科学家利赫曼重复了富兰克林的风筝实验，不幸被雷电击中致死，为电学
实验付出了宝贵的生命。

　　避雷针在最初发明与推广应用时，教会曾把它视为不祥之物，说是装上
了富兰克林的这种东西，不但不能避雷，反而会引起上帝的震怒而遭到雷击。
但是，在费城等地，拒绝安置避雷针的一些高大教堂在大雷雨中相继遭受雷击；
而比教堂更高的建筑物由于已装上避雷针，在大雷雨中却安然无恙。

　　从此，富兰克林发明的避雷针风靡全球，传到英国、法国、德国，传遍欧洲
和美洲。避雷针的发明是早期电学研究中的第一个有重大应用价值的技术成果。

　　避雷针传入法国后，法国皇家科学院院长诺雷等人开始反对使用避雷针，
后来又认为圆头避雷针比富兰克林的尖头避雷针好。但法国人仍然选用富兰
克林的尖头避雷针。据说当时的法国人把富兰克林看做是苏格拉底的化身，
富兰克林成了人们崇拜的偶像，他的肖像被人们珍藏在枕头下面，而仿照避

雷针式样的尖顶帽成了 1778 年巴黎最摩登的帽子。

　　避雷针传入英国后，英国人也曾广泛采用了富兰克林的尖头避雷针。但美国独立战争爆发后，富兰克林的尖头避雷针在英国人眼中似乎成了将要诞生的美国的象征。据说英国当时的国王乔治二世出于反对美国革命的盛怒，曾下令把英国全部建筑物上的避雷针的尖头统统换成圆头，以示与作为美国象征的尖头避雷针势不两立，这真是避雷针应用史上一件有趣的事情。

为什么避雷针尖头比圆头的避雷效果更好？

　　同样是避雷针为什么效果会有差异呢？这得从导体的形状与其表面电荷分布的关系说起。在导体表面弯曲得厉害的地方，例如在凸起的尖端处，电荷密度大，附近的空间电场较强，原来不导电的空气被电离变成导体，从而出现尖端放电现象。夜间看到高压电线周围笼罩着一层绿色的光晕，就是一种微弱的尖端放电。雷电是一种大规模火花放电现象。当两片带异种电荷云块接近或带电云块接近地面的时候，由于电压极高，极容易产生火花放电。放电时，电流可达 2 万安培，电流通过的地方温度可达 30000℃。一旦这种放电在云和建筑物或其

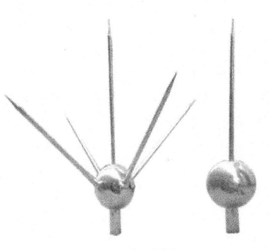

❖ 避雷针

他东西之间形成，就很可能会发生雷击事件。如果在高层建筑物上安上避雷针，一旦在建筑物的上空遇上带电雷雨云，避雷针的尖端就会产生尖端放电，避免了雷雨云和建筑物之间的强烈火花放电，因而达到避雷的目的。如果把避雷针的尖端做成圆的，就不会出现尖端放电，避雷的效果就远不及尖头避雷针了。

Great Inventions

光电子——
未来全球经济发展的重要支柱

　　许多人也许对光电子这个名词有些陌生，但如果提到液晶电视、数码相机、DVD、激光等在生活中常见的事物都与光电子技术密切相关时，你是不是对光电子大致有了些感性认识呢？通常来讲，光电子技术涉及到光学、电子学、计算机技术、材料科学、光通信等或其交叉科学，尤其是进入 20 世纪 90 年代以后，其技术和应用取得了飞速发展，在社会信息化中起着越来越重要的作用。

　　人类早先对光电子的认识过程是曲折的，而光伏效应和光电效应这两个伟大发现奠定了光电子学的研究基础。1839 年，法国物理家安东尼·E·贝可勒尔在实验室里做实验，偶然的机会，他将一束光照到了一个特殊的金属材料上，当他测量该金属时发现了一个有趣的现象——金属两端的电动势居然不相等。经过仔细研究他得出结论：当物体受光照时，物体内的电荷分布状态发生变化而产生电动势和电流的一种效应，这就是光伏效应。具体是指：当两种不同材料所形成的结受到光辐照时，结上便产生电动势。它的过程先是材料吸收光子的能量，产生数量相等的正、负电荷，随后这些电荷分别迁移到结的两侧，形成偶电层，导致电动势差值的产生。

　　直到 1887 年，德国物理学家赫兹发现当有光照到一些金属上时，竟然有许多电子散发到空中，经检测这些电子就是从该金属上脱离的。由于当时光的波动学说盛行，使得光电效应长期得不到科学合理的解释，直到爱因斯坦提出了光的量子学说。根据他的理论，当光的量子——光子照射到物体上时，它的能量可能会被物体中的某个电子全部吸收。电子吸收能量后，能量增加，该过程基本不需要时间。如果电子吸收的能量足够大，大到可以摆脱原子核的束缚，电子就可以离开物体表面脱逸出来——这就是光电效应。

有了上述两个重大发现，人类开始在光电子的探索中加快步伐。1907年，英国电气工程师约瑟夫·瑞恩德发明了发光二极管 (LED)；1919年，美国电气工程师约瑟夫·斯列宾获得了第一个光电倍增管的专利；1960年，

❖ 光电子 CCD 传感器

美国休斯研究所的工程师西奥多·梅曼发明了世界上第一台红宝石激光器；1966年，华裔科学家高锟发表了指导光纤通信的论文；1969年，美国贝尔实验室的电子工程师韦拉德·博伊尔和乔治·史密斯共同发明了 CCD 传感器。

如今，光电子已经深入了我们生活的方方面面，而光电子的前景也将更加光明。

光电子学

目前，光子学和光子技术在信息、能源、材料、航空航天、生命科学和环境科学技术中的广泛应用，一定会促进光子产业的快速发展。

光子学，又叫光电子学，它是研究以光子作为信息载体和能量载体的科学，主要研究光子如何产生及其运动和转化的规律。

光子技术，主要是研究光子的产生、传输、控制和探测的科学技术。光电子学是指光波波段，即红外线、可见光、紫外线和软 X 射线、波段的电子学。光电子技术经过上世纪 80 年代与其相关技术相互交叉渗透之后，到 90 年代，其技术和应用取得了飞速发展，在社会信息化中起着越来越重要的作用。目前，光电子技术研究热点是在光通信领域，这对全球的信息高速公路的建设以及国家经济和科技持续发展起着举足轻重的作用。目前，国内外正掀起一股光子学和光子产业的浪潮。光电子也必将成为未来全球经济发展的重要支柱。

Great Inventions

电灯——征服黑暗的夜明珠

　　夜晚来临，城市中万家灯火，街上霓虹闪烁，整个城市在灯光的映衬下显得分外美丽迷人。然而在电灯发明之前，人们只能用油灯、蜡烛等来照明。电灯的发明使人们冲破黑暗，把人类从黑夜的限制中彻底解放出来。可以这样说，电灯的出现改变了人们的生活方式，从此人们开始了丰富多彩的"夜生活"。今天，就让我们走近电灯，来看看它的前世今生。

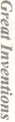

惠及人类生活的每个角落

Great Inventions

　　电灯的发明者是美国发明家爱迪生。他是铁路工人的孩子，小学未读完就辍学了，之后在火车上卖报度日。爱迪生是一个异常勤奋的人，喜欢做各种实验，制作出许多巧妙机械。他对电器特别感兴趣，自从法拉第发明电机后，爱迪生就决心制造电灯，为人类带来光明。

　　在爱迪生之前也有许多科学家对电灯的发明进行了尝试，但是都以失败而告终。爱迪生在认真总结了前人制造电灯的失败经验后，制定出详细的实验计划，分别在两方面进行实验：一是分类实验 1600 多种不同耐热的材料；二是改进抽空设备，使灯泡有高真空度。

　　爱迪生将 1600 多种耐热发光材料逐一地实验下来，唯独白金丝性能良好，但白金价格贵得惊人，因此必须找到更合适的材料来代替。1879 年，经过多次实验，爱迪生最后决定用炭丝来做灯丝。他把一截棉丝撒满炭粉，弯成马蹄形，装到坩埚中加热，做成灯丝，放到灯泡中，再用抽气机抽去灯泡内的空气，电灯亮了，并且可以连续使用 45 个小时。就这样，世界上第一批炭丝白炽灯问世了。

　　电灯的发明经历了漫长的过程，爱迪生有句名言："天才等于百分之一的灵感加上百分之

❖ 电灯

九十九的汗水。"他是这么说的，也是这么做的。

为了研制电灯，爱迪生在实验室里常常一天工作十几个小时，有时连续几天做实验。发明炭丝灯丝后，他又接连试了6000多种植物纤维，最后又选用竹丝，通过高温密闭炉烧焦，再加工，得到炭化竹丝，装到灯泡里，再次提高了灯泡的真空度，电灯竟可连续照亮1200个小时。电灯的发明，曾使煤气股票3天内猛跌20%。

电灯是19世纪末最著名的一项发明，也是爱迪生对人类最辉煌的贡献。人们对爱迪生给予高度的评价：希腊神话中说，普罗米修斯给人类偷来了天火，而爱迪生却把光明带给了人类。之后爱迪生又发明了高功率的发电机、绝缘电线、分流电路等。

❖ 美国发明家爱迪生

俄罗斯开发出光输出效率更高的电灯

2010年10月，据《真理报》报道，俄罗斯气体电灯开发公司的专家研制出了一种新型电灯。与普通的白炽灯相比，新型电灯在光输出效率、使用时间和光谱成分方面均有较大的改进。

新型电灯的灯泡体积与乒乓球相仿。接通电源后，灯泡内会不断生成硫蒸气。硫蒸气中所发生的超高频放电，会使灯泡放射出强烈的光亮。在功率相同的情况下，普通白炽灯的光输出效率约为13流明／瓦，而新型电灯的光输出效率可达140流明／瓦。此外，新型电灯的寿命约为普通白炽灯的50倍。

据俄专家介绍，新型电灯所放射出的紫外线强度约为日光紫外线的几百分之一，灯光中的其余光谱成分均与日光相似。这样的灯光不但能促使温室中的作物更快地生长，而且可促进动物体内磷、钙等物质的代谢和维生素D的合成。

Great Inventions

电子厨具——
不见明火，只见饭熟

在远古时代，中国人就学会了"钻木取火"，从而告别了茹毛饮血的时代，人类吃上了用明火加工出来的食物，这样的熟食不仅能够使人的饮食方式更加卫生健康，也促进了古人体格的成长和智力的发育。进入电气时代以后，工程师们开始尝试发明出一些电子烹调厨具，从而出现了我们今天常见的电饭锅、微波炉、电磁炉等。这些形形色色的电子烹调厨具的出现，给人们的生活带来了便捷。

电子厨具问世的时间并不算长，1882年，在加拿大诞生了世界上第一台电烤箱；1945年，世界上第一台商品化电饭煲在日本上市；1947年，世界上第一台微波炉在美国诞生；1957年，德国内夫公司制造出了世界上第一台电磁炉。下面我们就来看看这些电子厨具的发明历程吧。

❖ 微波炉

1882年，加拿大渥太华肖迪埃电灯和电力公司的电子工程师托马斯·埃亨发明出了电烤箱，它是利用电热元器件发出的热辐射烤制食物的厨房电器。1892年，这种电烤箱被安装在了加拿大渥太华的温莎酒店，由于它无需明火，对环境造成的污染少，很快就受到了厨师们的欢迎。1893 年，这种电烤箱在美国芝加哥世博会的厨房电气化模型展区进行展示，许多人都被这种从未见过的电子厨具深深吸引住了。电子厨具从此深深影响了人们的生活。

1897 年，美国电子工程师威廉·哈达韦发明了自动温控电烤箱，此后数十年，电烤箱技术不断发展成熟。20 世纪 30 年代，电烤箱开始进入百姓家庭，慢慢取代了传统的煤气灶具。

❖ 电子厨具走进千家万户

电烤箱在食品烹饪方面有许多优点，它无油烟、无粉尘、无明火，在烹调过程中，不仅可以自由控制温度，还可以去除肉类的多余脂肪，从而使烤制出来的食品更有利于人们的身体健康。电烤箱在西方国家比在中国更受人们的欢迎，因为中国人一般偏爱吃炒蒸煮类食物。不过，随着中国经济的发展以及西方饮食文化对中国的不断影响，越来越多的中国人开始选购电烤箱作为厨房家电。

目前在中国家庭里，最受欢迎的电子厨具就是微波炉和电饭煲。

微波炉是一种用微波加热食品的现代化烹调灶具。微波炉的发明源自偶然。

1945 年，美国有一位名叫珀西·斯宾塞的电子工程师在专门制造电子管的雷声公司工作。一天，他在加班后感觉肚子饿了，于是下意识地从口袋中取出一根花生巧克力棒。此时，巧克力棒的一侧已经融化了。他感到非常惊奇，因为当时房间里温度并不高。珀西·斯宾塞经过一番思考后，怀疑口袋中的巧克力棒融化是由工作台上的磁控管所发出的微波造成的。经过实验后，他发现自己的猜想是正确的。既然磁控管发出的微波可以使巧克力棒融化，那它也应该可以用来烹饪食物，而在此之前，谁也没有想到这一点。珀西·斯宾塞后来申请了微波炉的专利，并研制出了成熟的产品。

1947 年，雷声公司推出了第一台家用微波炉。可是这种微波炉成本太高，寿命太短，严重影响了微波炉的推广。1965 年，乔治·福斯特对微波炉进行大胆改造，与斯宾塞一起设计了一种耐用又价格低廉的微波炉。1967 年，微波炉新闻发布会兼展销会在芝加哥举行，获得了巨大成功。从此，微波炉逐渐走入了千家万户。由于用微波烹饪食物又快又方便，不仅味美，而且有特色，因此有人诙谐地称之为"妇女的解放者"。

虽然微波炉能够实现的烹饪方法非常多，但是和电磁炉比起来还是略逊一筹。

电磁炉又名电磁灶，是现代厨房革命的产物。它是一种高效节能厨具，完全区别于传统所有的有火或无火传导加热厨具，让热直接在锅底产生，热效率得到了极大的提高。谈起电磁炉的发明，不得不首先谈一下"涡电流"，它又称"傅科电流"，由法国物理学家莱昂·傅科于 1851 年发现。在交变磁场中，导体会因为电磁

❖ 电磁炉

感应现象产生涡电流，这会使得导体的温度升高。这一现象的发现是后来的电磁炉诞生的基础。

现在的电磁炉已经被研制得非常智能化，可以自由选择温度、模式、功能。因为它有比煤气灶更快、更环保的优点，现在已经被广泛地应用在千家万户。

随着科学技术的发展，越来越多的电子烹调厨具开始出现，而且越来越先进，甚至有些厨具已经能够实现智能化控制，它们在造福人类生活的同时，也使得人类电气化和信息化生活大放光彩，使人类生活更加节能和环保。

惠及人类生活的每个角落

Great Inventions

Great Inventions

电影——
打睹引来的伟大成就

　　我国劳动人民在很久以前就有了类似电影的发明。我国古代的皮影，可以说就是现代电影的先导。皮影戏传入欧洲后，欧洲人在此基础上经过多年的实践和研究，于19世纪发明了现代电影。如今，电影行业迅猛发展，并朝着影视合流、互动、互补的方向发展，昭示着美好前景。

电影是谁发明的？你若问美国电影界的人，他们会异口同声地回答："是爱迪生发明的。"但你如果去问法国人，他们则会说："是卢米埃尔兄弟！"那么谁才是电影的真正发明者呢？其实两者都是！然而电影的出现还得从一次打赌说起。

　　马奔跑时蹄子是否都着地？1872年美国的一位商人和一位马场老板就这个问题打了一个赌。他们请来一位驯马好手来做裁判，然而，单凭人的眼睛确实难以看清快速奔跑的马蹄是如何运动的。

　　裁判的好友英国摄影师麦市里奇知道了这件事后，想出了一个办法。他在跑道的一边安置了24架照相机，排成一行，相机镜头都对准跑道。在跑道的另一边，他打了24个木桩，每根木桩上都系上一根细绳，这些细绳横穿跑道，分别系到对面每架照相机快门上。

　　一切准备就绪后，麦市里奇

❖ 电影胶片

牵来了一匹漂亮的骏马，让它从跑道一端飞奔到另一端。当跑马经过这一区域时，依次把 24 根引线绊断，24 架照相机的快门也就依次被拉动而拍下了 24 张照片。终于结果出来了，马在奔跑时总有一蹄着地，不会四蹄腾空。

麦市里奇一次又一次地向人们出示那条录有奔马形象的照片带。一次，有人无意识地快速牵动那条照片带，结果眼前出现了一幕奇异的景象：各张照片中那些静止的马叠成了一匹运动的马，它竟然"活"起来了！

1888 年，爱迪生开始研究活动照片，当连续底片被发明后，爱迪生立刻将连续底片买回来，并请人着手进行研究。到了第二年的 10 月，爱迪生将之拍摄成会活动的马，这就是电影史上最早摄影的成功。成功之后的爱迪生，继续进行研究。1890 年，他

❖ 爱迪生

把能活动的图片申请了专利，这些活动图片每秒钟能拍 40 张，这就是现代影片的鼻祖。

爱迪生的发明成果被法国的卢米埃尔兄弟采用，并加以改进。他们在 1894 年制成了第一台电影放映机。它可以投射到宽大的银幕上，解决多人观看的问题。兄弟二人在一年之后又研制出活动电影机。这种电影机有摄影、放映和洗印三种主要功能。它以每秒 16 画格的速度拍摄和放映影片，图像不仅清晰而且稳定，由于它性能良好，在世界上处于领先水平，连俄国沙皇、英国女王、奥地利皇室以及其他许多国家的元首都对它大加赞扬。

1895 年 12 月 28 日，卢米埃尔兄弟在巴黎的"大咖啡馆"第一次用自己发明的放映摄影兼用机放映了《火车到站》、《工厂的大门》、《火车进站》、《园丁浇水》和《墙》等短剧，这标志着电影的正式诞生。

作为摄影师出身的卢米埃尔兄弟，对待电影从一开始就显示出与爱迪生全然不同的思维观念。这种不同不仅表现在对于"放映术"的发明、电影机

器设备的改进上，而且更突出地表现在他们的电影作品中所存在的根本的时空观念的差别、根本的美学差异上。

此后，卢米埃尔兄弟放映的电影质量得到了提高。他们改编了一些动画片，如《可怜的比埃罗》，由于卢米埃尔等人给它配上了美妙的歌曲，使它一下子声情并茂，引起了观众的极大热情。随后兄弟二人还改编了许多旧作，其中成功的有《炉边偶梦》、《消防员》等，这些作品都很受观众的欢迎。

随后，卢米埃尔兄弟开始拍摄影片，起初以纪录现实生活为主，并且获得了成功，为法国的电影业奠定了一定的基础。

❖ 世界电影的先驱和开拓者——卢米埃尔兄弟

卢米埃尔兄弟是世界电影的先驱和开拓者，他们为世界电影作出了不可磨灭的贡献，被称为"电影之父"。

国际电影节知多少

全世界到底有多少个"国际电影节"？这几乎是说不清的。据粗略统计，全世界六大洲600多个国家和地区单独举办或轮流举办的各种名目的国际电影节已超过300个。欧洲是国际电影节的发源地，现有24个国家先后举办过144个电影节。其中意大利27个，法国26个，西班牙23个，三个国家共76个，占欧洲总数的一半左右。提起"国际电影节"，也许不少人会以为"奥斯卡金像奖"就是最大的"国际电影节"。其实"奥斯卡"只是美国本国的电影奖而已。为了增加一点国际性，奥斯卡从1948年起又增设了一个"最佳外语片奖"。从上世纪70年代起，每年颁奖仪式都由通讯卫星向全世界进行实况转播，"奥斯卡金像奖"就更具有全球性的影响了。

Great Inventions

空调——
一个控制冷热的无形巨手

> 炎炎夏季，室外骄阳似火，如何才能使气温降低一点呢？扇子？电扇？都不是。恐怕你会选择空调吧！空调使夏天不再炎热，冬天不再寒冷，明显地提高了人们生活的质量，被称为能控制冷热的"无形巨手"。

让我们走近空调，一起来了解一下给我们带来无限舒适和凉爽的"空气调节器"吧。

卡里尔是一个美国人。1902 年 7 月，他从康奈尔大学毕业，在"水牛公司"工作时，因为一个偶然的机缘，发明了冷气机。但你或许不知道，卡里尔最初发明冷气机的目的，并不是为了给人们带来舒适的生活环境，而是为一些机器服务。说到这里，还有一个十分有趣的故事呢。

纽约市沙克特威廉印刷厂是水牛公司的一个客户，它的印刷机由于空气温度和湿度的变化，使纸张扩张及收缩不定，油墨对位不准，无法生产清晰的彩色印刷品，于是求助于水牛公司。水牛公司把这项任务交给了卡里尔。卡里尔心想，既然可以利用空气通过充满蒸气的线圈来保暖，何不利用空气经过充满冷水的线圈来降温呢？空气中的水会凝结于线圈上，如此一来，工厂里的空气将会变得既凉爽又干燥。

有了这个想法，卡里尔感到激动不已，他在 1902 年设计并安装了第一部空调系统，该空调系统就是为那位印刷厂厂主设计的。

这家印刷厂首次使用冷气机标志着空调时代的

❖ 空调

来临。很快，其他的行业，如纺织业、化工业、制药业、食品甚至军火业等，亦因空调的引进而使产品质量得到大大提高。

空调在发明后的很长一段时间都是为机器服务的。直到 1924 年，底特律的一家商场常因天气闷热而使不少人晕倒，因此首先安装了三台中央空调，此举大大成功，凉快的环境使得人们的消费意欲大增。自此，空调成为商家吸引顾客的有力工具，空调为人们服务的时代正式来临了。

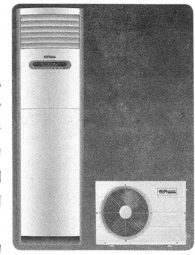

❖ 立体式空调

空调虽然已被发明出来了，但是空调的普及主要是通过电影院来完成的。大多数美国人是在电影院第一次接触到空调的。20 世纪 20 年代的电影院利用空调技术，承诺能为观众提供凉爽的空气，使空调变得和电影本身一样吸引人，而夏季也取代了冬季成为看电影的高峰季节。随后出现了大量全年开放的室内娱乐商业场所，如室内运动场和商场，这些都得归功于空调的出现。

空调的发明和广泛应用给人们的生活带来了极大的便利，从此在炎炎夏日，人们可以待在房间里尽情享受空调带来的凉爽与舒适了。

地温中央空调

地温中央空调是一种利用地下浅层地热资源（也称"地能"）来提供供热和制冷的高效节能空调系统。

地温中央空调，冬季制热以地下水为吸热热源，把水中的热量收集起来，经过能量转换，将热量释放到用户端，实现供热；夏季制冷以地下水为排热热源，把用户端的热量收集起来，经过能量转换，排放到地下水中去，实现制冷。这种空调是一种介于中央空调和分散空调之间的优化空调能源方式，它既具有中央空调合理利用能源、设备能效系数高、运行成本低和安全可靠等优点，又具有分散空调调节灵活、方便、便于管理和收费等优点。

Great Inventions

电视机——
秀才不出门，看遍天下事

电视机被世人公认为是20世纪最伟大的发明之一。几十年来，电视技术迅猛发展，黑白电视机正在逐渐消失，彩色电视机、立体电视机、数字式电视机、高清晰度电视机正在进入千家万户，人们已经生活在一个"电视时代"里。在现代社会里，没有电视的生活已不可想象了。正是因为有了电视，人们才更加形象地观赏到外面的世界，人们的生活也因此变得越来越丰富多彩。

早在19世纪，人们就开始讨论和探索将图像转变成电子信号的方法。在1900年，"television"一词就已经出现。"tele"意思是"远处的地点"，"vision"意思是"看得见的事物"，也就是说，"television"是一种"将远处传来的声音和图像加以播放的工具"。

人们通常把1925年10月2日英国人约翰·洛吉·贝尔德在伦敦的一次实验中"扫描"出木偶的图像看做是电视诞生的标志，从那以后他被称做"电视之父"。那么，贝尔德是怎样发明出电视的呢？

1906年，贝尔德就开始研究电视机。当时他还是个不到20岁的青年，

❖ 贝尔德（左）和同事在看电视

但他却雄心勃勃。贝尔德家境贫寒，缺少实验经费，他在英格兰西南部的黑斯廷斯建造了一个简陋的实验室。因为没有实验经费，他从旧货摊、废物堆里找来代用品，装配了一整套用胶水、细绳、火漆及密密麻麻的电线黏合串联起来的实验装置。贝尔德用这套装置不分昼夜地进行实验，不断加以改进创新。

经过 18 年的努力，贝尔德在 1924 年终于成功地发射了一朵十字花，但发射的距离只有 3 米，图像也不清晰，只是一个轮廓。为了找明图像模糊的原因，贝尔德又开始了新一番实验。他唯一的"助手"是一个木偶头像，他为它取名为"比尔"。他要通过发射机把"比尔"的脸传送到邻室的接收机上。

经过艰苦的实验和等待，成功的日子终于来到了。终日陪伴他的

❖ 黑白电视机

木偶头像"比尔"的脸部特征被清晰地显现在接收机上了。

1925 年 10 月 2 日，贝尔德在室内安上了一台能使光线转化为电信号的新装置，希望能用它把"比尔"的脸显现得更逼真些。下午，他按动了机器上的按钮，"比尔"的图像一下子清晰逼真地显现出来，他简直不敢相信自己的眼睛。他揉了揉眼睛仔细再看，那不正是"比尔"的脸吗？贝尔德震惊了英国，不久资助他的人纷纷涌来。随后贝尔德更新了设备，开始了更大规模的实验。1928 年，贝尔德把伦敦传播室的人像传送到纽约的一部接收机上，出现了新的奇迹，从此贝尔德的名字在全世界传开了。他申请在英国开创电视广播事业，却没有得到批准。但是要求电视广播的人越来越多，这个问题提交给议会，经过长时间的激烈辩论，最后议会决定开展电视广播。1939 年 4 月 30 日，世界上第一台电视机在纽约世界博览会现身。

这几十年来的技术发展令原本的黑白电视演变成彩色，原本圆角拱起的画面演变成平面方脚。从电子管、晶体管电视迅速发展到集成电路电视，目前，电视正在向智能化、数字化和多用途化迈进。

伴随着电视制作和传输技术的数字化，接收装置的数字化也成为了必然。数字电视的显示效果更好，功能也更多，甚至可以实现初步的双向互动。电视机的另一个趋势是智能化趋势，即与其他电器的结合，特别是与电脑的结合，这将使得电视更加"聪明"，具有更多的功能，从而突破电视的传统含义。

❖ 高清数字电视

1962年，通信卫星被送上太空轨道，各大洲之间的通讯已不再有什么困难。如今，电视机已成为现实生活中的必需品。人们坐在家里，就可以知道世界上每个角落发生的事情，人与人之间的距离被缩短了。这一切都得益于电视的发明。

中国第一台电视机

我国在1958年以前还没有电视广播，国内不能生产电视机。

1958年3月17日，是我国电视发展史上值得纪念的日子。这天晚上，我国电视广播中心在北京第一次试播电视节目，国营天津无线电厂（后改为天津通信广播公司）研制的中国第一台电视接收机实地接收实验成功。这台被誉为"华夏第一屏"的北京牌820型35cm电子管黑白电视机，如今被摆在天津通信广播公司的产品陈列室里。

我国第一台电视机的试制成功，填补了我国电视机生产上的空白，是我国电视机生产史的起点，今天我国已成为世界电视机生产大国。

惠及人类生活的每个角落

Great Inventions

Great Inventions

复印机——蚂蚁怎么会写字

> 在当今"信息爆炸"的时代，复印机成了人们不可或缺的专用工具。复印参考资料、文件、证件已是十分平常的事，只要将文件放在复印机上，几秒钟就能得到与原件一模一样的复印件，由此促进了信息的传播。

如今，每个办公场所几乎都放置着复印机，然而你是否想过，这样美妙的机器是谁发明的？它的原理又是什么呢？

首先我们来说一说复印机的工作原理。大家都知道蚂蚁写字的原理，先涂上蜂蜜，然后蚂蚁会爬上去，从远处看，就像是字。我们来看看复印机，它的主要部件是硒鼓。该鼓上涂抹的硒能在黑暗中留住电荷，一遇光又能放走电荷。将要复印的字迹、符号、图表等通过光照到硒鼓上，就能将这些内容如同在石碑上先涂上蜂蜜一样"写"在硒鼓上。受光照无字的部分放走电荷，有字的部分留住了正电荷。当然"蚂蚁"不爬上去，是看不见这些字的。那"蚂蚁"又是谁呢？是墨粉，我们设法让带负电的墨粉吸到硒鼓的有字部分上，硒鼓转动时，让带正电的白纸通过，墨粉吸到纸上，经过高温或红外线照射，让它融化，渗入纸中。这样便形成牢固、耐久的字迹、符号和图表。

复印机最早是由美国人卡尔森发明的。20世纪30年代初，卡尔森是美国贝尔研究所专利部的一名工程师，也是一个发明爱好者。他在工作时看到很多工作

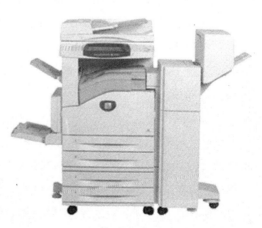

❖ 复印机

❖ 发明复印机的卡尔森

人员整天都忙于抄写同样内容的文件，于是想要是能发明一台能够复制文件的机器就好了。

这以后的几年，卡尔森每天一下班，第一件事就是到纽约图书馆去查阅相关资料，然后回到家中，在由厨房和浴室改建的简陋的实验室中做实验。1938 年 10 月 22 日，卡尔森用墨水在一块玻璃板上写出"阿斯托里亚 1938. 10. 22"几个字，又用布手帕在涂硫的金属板上摩擦，使它带上电荷，然后隔着写有字的玻璃板，在泛光灯下将这块金属板曝光 3 秒钟，字就在板上显示出来了。接着卡尔森又把一张蜡纸平压在涂硫的金属板上，纸上就复印出了相同的字。这就是世界上最早的静电复印，这种方法也被命名为"静电印刷术"。这片金属片就是世界上第一个复印件。

卡尔森为自己的发明申请了专利，并将这项专利向许多家公司推荐。然而，从 1939 年到 1944 年的五年时间里，没有一家公司接受卡尔森的专利。这些公司认为，用硫磺末作为"介质"，从技术上看不够成熟，此外，他们还对生产复印机的市场前景并不看好。实际上，在那时需要复制的文件确实并不多。

卡尔森毫不气馁，继续钻研完善他的静电复制技术。又经过几年的研究，他找到了更为理想的携带静电的"介质"。终于有一家公司采用了卡尔森的最新专利技术，生产出了第一台办公专用自动复印机。到了 1959 年，复印机正式被市场接受，并且像雪球一样，市场越滚越大。今天，复印机已成为全球一项庞大的产业。

现在复印机已经成为办公室里不可缺少的办公用品。当然，经过几代人的努力，复印机又进入了一个新时代。现在的复印机比起卡尔森发明制造的复印机，清晰度和复印速度都大大提高了。20 世纪 80 年代出现了全色复印机，复印出的图画与最美丽的彩色照片无异。由此可见，复印机正在一步一步地改变着人类的生活。

惠及人类生活的每个角落

Great Inventions

Great Inventions

对撞机——
基本粒子的"产房"

在历史的长河中，从人类文明诞生之日起，人类就不断地探索着宇宙的起源。随着科学技术的发展，人类的认识不断深入：世间万物皆由微小的粒子构成，而宏观的天体物理等又与这些微小粒子辩证统一。只有研究清楚了这些微观粒子的相互关系和运动规律，才能揭示出宇宙如何演化。前人孜孜不倦的追求使我们有幸找到了探索微观世界的强大工具——对撞机。

顾名思义，对撞机是一种让某种东西在其中对撞的机器。在研究高能物理用的对撞机里，对撞的可不是一般的东西，而是被加速到接近光速的微小粒子。因此，我们可以理解为：对撞机就是加速带电粒子并在其中进行对撞的加速器。

不少人可能会问：对撞机是如何产生和演进的？其实，早在两千多年前，古代哲学家就提出了所有物质都是由微小的原子构成的理论。直到 19 世纪初，英国的化学家道尔顿在研究不同气体之间的化学成分时，通过大量实验证实了原子的存在，系统地提出了

❖ 电子对撞机

原子学说，把人类认识物质的进程推进了一大步。

20世纪初，在英国的曼彻斯特大学，卢瑟福和他的学生们做了一系列有意思的实验。例如，用带正电的微观粒子撞击金箔，或是用微观粒子撞击氮原子等，人类开始认识到了原子的内部结构。从此，科学家们纷纷将各种粒子加速互相撞击，以期待有新的发现和收获。

20世纪50年代初，加速器的设计者就有过利用对撞束来获得更高能量的设想，但是鉴于加速器中束流的强度太低，束流密度远低于靶的粒子密度，双束对撞引起的相互作用反应率将比束流轰击固定靶时发生的反应率低106倍，这样，很难进行最低限度的测量，这种设想就没有得到应有的重视。1956年，人们开始懂得依靠积累技术，获得必要强度的束流，从而使对撞机的研究真正提到日程上来。

❖ 正负电子对撞机

这时，研发一个使粒子获得更高能量的加速器的任务越发紧迫。"更高能量"是指"打碎"粒子有效的能量，打个比方，一辆汽车追尾撞向停在前面的另一辆汽车，往往是把车子推向前走，造成汽车的损坏比起两辆汽车迎面相撞来说要小得多。沿着这种新思路，科学家们很快想到了发明粒子对撞机来取代普通加速器。1960年，意大利科学家布鲁诺·陶歇克在意大利佛那斯卡蒂实验室首次建成了粒子对撞机并取得实验成功。他在实验室中将产生高能反应的粒子有效能量提高了1000倍。此后，各个国家的加速器发展基本上都沿着这条思路，即采用对撞机的形式。

由于造价低，容易实现，正负电子对撞机最先被用于研究。电子冷却及随机冷却技术成功问世，使反质子束的性能大大得到了改善，而且束流可以积累到足够的强度，从而有可能在同一环中进行质子–反质子对撞，人类已经

惠及人类生活的每个角落

Great Inventions

将此用于实验中并取得了重要成果。

大型强子对撞机对撞，重现宇宙大爆炸

2010年3月30日，设在瑞士日内瓦的欧洲核子研究中心宣布，该中心的大型强子对撞机当天成功地让两束质子束流对撞，并获得7万亿电子伏特的能量，这一能量创下了该实验的最高纪录。

对撞成功后，专家们立即开始对实验数据进行收集和分析。欧洲核子研究中心的发言人詹姆斯·吉利斯说，相撞时产生的状况相当于宇宙大爆炸后不到万亿分之一秒的时间内产生的状况。在日本通过视频系统进行遥控的欧洲核子研究中心主任、德国科学家罗尔夫—迪特·霍耶尔说："我们高兴至极，这是科学史上激动人心的时刻。"

在此次对撞实验中，科学家们让氢原子核分离出来，随后进行加速。对撞的速度接近光速，产生的温度是太阳内部温度的10万倍。因此，这项实验颇具危险性。一些科学家担心，这样的实验在理论上可以产生"能够吞掉地球的奇异离子"，认为对撞可能产生难以预见的后果。但是，霍耶尔指出，此次实验可能会产生某些"微型黑洞"，但这些黑洞会马上分解，而且实际上几十亿年来，宇宙每秒钟都在发生与这一实验相同的事情，而地球上的生命并未受到影响。

大型强子对撞机是世界最大的粒子加速器，项目投资达39亿欧元，位于日内瓦附近瑞士和法国交界地区地下100米深处、总

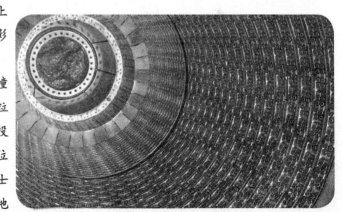

❖ 大型强子对撞机

长17英里的环形隧道内，作为国际高能物理学研究之用。

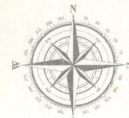

Great Inventions

激光——
世界上最亮的"人造光"

> 激光素被称为世界上最亮的"人造光"。激光最初的中文名叫做"镭射"、"莱塞",直到 1964 年按照我国著名科学家钱学森的建议改称"激光"。激光一问世,就获得了异乎寻常的飞快发展,使人类获得了空前的效益和成果。激光被称为 20 世纪人类最重大的科学发明之一。

惠及人类生活的每个角落

Great Inventions

在我们的日常生活中,只要稍加留意,就会在自己的身边发现激光的影子:商场里商品贴的是激光防伪标志;回荡在楼宇之间的乐曲是由激光唱机发出的;真实可感的电影画面是由激光影碟机播放出来的;几乎所有的报刊杂志都由激光照排技术印刷;激光雕刻细致入微,精确无比,可在钢板、水晶等高强度材料上雕刻;甚至我们远隔千里就可以同亲人、朋友通话,这也是激光的功劳,因为光纤传送的正是激光。

❖ 激光

那么人类是怎样发现如此神奇的激光的呢?

时间要追溯到 1917 年,当时爱因斯坦提出"受激发射"理论,即一个光子使得受激原子发出一个相同的光子。然而真正的激光器却在 1960 年问世,相隔 43 年,为什么?主要原因是,普通光源中粒子产生受激辐射的概率极小。

1953 年,美国物理学家汤斯用微波实现了激光器的前身:微波受激发射放大。

1958 年，美国科学家肖洛和汤斯发现了一种神奇的现象：当他们将内光灯泡所发射的光照在一种稀土晶体上时，晶体的分子会发出鲜艳的、始终会聚在一起的强光。根据这一现象，他们提出了"激光原理"，即物质在受到与其分子固有振荡频率相同的能量激励时，都会产生这种不发散的强光——激光。肖洛和汤斯的研究成果发表之后，各国科学家纷纷提出实验方案，但都未获成功。

1960 年 5 月 15 日，年轻的美国物理学家西奥多·梅曼在休斯公司的研究室里进行着一项重要的实验。他的实验装置里有一根人造红宝石棒，突然，一束深红色的亮光从装置中射出，它的亮度是太阳表面的四倍。这是一种完全新型的光，它被命名为 laser，是英文"受激放射光放大"的缩写，这就是激光。

❖ 红宝石激光器

1960 年 7 月 7 日，梅曼宣布成功研制出世界上第一台可实际应用的红宝石激光器，这标志着激光技术的诞生。而且梅曼宣布获得了波长为 0.6943 微米的激光，这是人类有史以来获得的第一束激光，梅曼因此也成为世界上第一个将激光引入实用领域的科学家。

近年来，随着科学的不断发展，激光技术应用的范围也在不断拓展。

在医疗方面，激光的作用也很大。如果你患了近视，又不愿意戴眼镜，此时可用激光做眼科手术，简单又安全，丝毫不会损伤发病区以外的正常组织，而且手术的时间极短，大约不到千分之一秒。如果患了胃结石、胃息肉，以往要开刀，现在只需从口腔中插一根管子进胃，用激光将结石炸碎，将息肉烧掉，短期内即可痊愈，快捷又方便。

现在，越来越多的人希望自己变得更加帅气、漂亮、年轻，于是，激光美容就应运而生了。激光可以抚平人脸上的疤痕，消灭令人烦恼的色斑。这种激光治疗系统利用皮肤中不同颜色的组织对激光波长的选择吸收的特点，在基本不破坏正常组织的情况下，对皮肤中的黑色素在极短的瞬间用极高峰值的脉冲激光进行照射，使之发生迅速的热膨胀进而粉碎，最后由吞噬细胞运走并排出体外，疤痕和色斑就会慢慢消失。

激光的出现引发了一场信息革命，从 VCD、DVD 光盘到激光照排，激光的使用大大提高了效率，方便了人们保存和提取信息。在现代社会中，信息的作用越来越重要，谁掌握的信息越迅速、越准确、越丰富，谁也就掌握了主动权，也就有更多成功的机会，所以"激光革命"意义非凡。目前，激光技术已经融入我们的日常生活之中了，在未来的岁月中，激光会带给我们更多的奇迹。

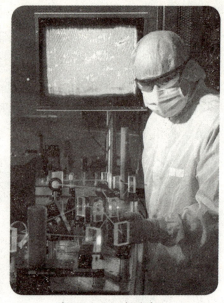

❖ 激光应用在医学上

激光的特点

激光是人类在 20 世纪 60 年代发明的一种光源，它有很多特点。首先，激光是定向发光。普通的光源向四面八方发光，而激光天生就是朝一个方向射出，其光束的发散度非常小，接近平行。第二，激光的亮度高。在发明激光之前，高压脉冲氙灯是亮度最高的人工光源，而红宝石激光器发射的激光亮度是氙灯亮度的几百亿倍。第三，激光的颜色极纯。光的颜色由光的频率（或波长）决定，一定的波长与一定的颜色相对应。激光器输出的光，其波长分布范围非常窄，因此颜色极纯。如氦氖激光器，其发射的红光的波长分布范围可以窄到 2×10^{-9} 纳米，是氖灯发射的红光波长分布范围的万分之二。可见，激光的单色性大大超过任何一种单色光源。第四，激光的能量密度大。虽然激光的能量不是很大，但由于它的作用范围小（一般只有一个点），所以激光的能量密度很大。

Great Inventions

轮子——
让世界转动得越来越快

如今，大多数的机器上都装有轮子。人们难以想象一个没有轮子的世界，沉重的货物被放在雪橇或滚柱上沿着地面被拖着走，陆地长途运输几乎无法实现。对于最早的轮子是如何发明的，始终存在着分歧。轮子应该经历过一个发明与再发明的过程，而关于轮子最早样式的详细情况已湮没于久远的历史中。

早在六千多年前，人类已经开始使用如犁、雪橇和旧式雪橇车等各种拉拽工具拖动重物。在某些地区，人们拖动诸如石头和船只等重物时会使用木棍，其方法是：人们不断取出后面的木棍，放在移动的物体前面。车轮的发明极有可能是由木棍所启发的，我们由木棍的运动状态产生联想进而发明了车轮。由于使用一段时间后的圆木会有所损坏，并使雪橇陷入木棍损坏的部分，因此人们就想到带轴的轮。以其较小的圆周，消耗更少的能量就可以带动整个轮子的转动，这是轴的突出特点。

使用轮子的记录可以追溯到公元前3500年左右陶工所用的轮子。这是一种简单的旋转盘，西南亚的美索不达

❖ 轮子用于马车上

米亚陶器工人用它来制造光滑的圆形黏土壶，即将一个轮子水平地安放好，并且在它上面"投掷"一块粘土。这样，当轮子转动起来时，陶工可以用手指来塑造粘土的种种形状。因为轮子是圆的，所以陶罐会很匀称，而且随着操作者技术的不断熟练，也更易使罐壁具有相同的厚度。

约三百年后，美索不达米亚人给车子装上轮子，轮子交通时代开始。

希腊人和埃及人在早期的陶轮基础上发明了飞轮，飞轮的优点就

❖ 飞轮

是可以把振动型的能量，比如踩压踏板的能量，转化为平稳连续的能量。同飞轮一样，希腊人还对轮子进行了其他极其重要的机械改造。公元前4世纪～公元前3世纪，钝齿轮、齿轮和滑轮纷纷问世。

水轮最早出现在公元前85年左右，是基于轴轮的又一项重要发明。人们借助水轮就能够利用水的能量推动重型工具，比如碾磨谷粒的石磨。

纺纱轮是飞轮的一种改进形式，轮的转动带动纺锤将纤维缠绕成线，这比手工操作要快得多。公元500～1000年，中国人就已经开始使用纺纱轮纺纱，而欧洲在13世纪早期才出现了纺纱轮。

飞轮在工业革命中扮演了重要的角色。将飞轮和由蒸汽机驱动的活塞相连时，它可以把不连续的原动力转化成为平稳的运动，用来驱动磨房和工厂中的机器，从而提高生产率。当然它也可以为机车提供动力。后来，以轮子为基础的发明不断涌现，包括汽轮机、环动轮和家具上的脚轮。轮子不仅影响了人类世界历史发明史，而且现在它仍然继续影响着人们的生活和社会的进步，让世界转动得越来越快。

人类也有了日行千里的飞毛腿

Great Inventions

Great Inventions

汽车——
人类不断加速地奔跑

汽车从发明到今天已经一个多世纪了，汽车的发明是人们对机械化交通工具的渴求并经过不懈探索的结果。在现代社会，汽车已成为人们工作、生活中不可缺少的一种交通工具。

第一次成功制造汽车的尝试出自一位法国的军事工程师。法国军事工程师古纳在 1770 年制造出一辆三轮蒸汽牵引机，它是用来拉大炮的。这辆牵引机由安装在单前轮上的双缸蒸汽机提供动力，车速可达 5 公里 / 小时。

半个多世纪以后，由德国工程师查尔斯·迪茨设计制造了另一辆非同寻常的三轮机车，这辆机车的最大特点是在机车上安装了一对摇摆式汽缸，它的原理是由曲柄转动带动链条驱动齿轮，从而使机车前进。

而后进行的蒸汽机车实验的主要目的是制造拖拉机或可载多人的四轮机车——公交车，而不再是单人交通工具。1784 年，苏格兰工程师威廉·慕尔朵克制造出一辆蒸汽动力公路汽车模型。五年后，美国发明家奥利弗·艾凡思又将他设计的高压引擎安装在了一辆可在路上行驶的四轮汽车上。英国工程师特里维欣科在 1801 年设计制造了一辆相似的四轮汽车，但是这辆车安装有两个较大的驱动后轮，前轮可以独立地转向，车速可达 16 公里 / 小时。英国发明家格尼爵士

❖ 蒸汽四轮汽车

在 1829 年制造出一辆最早投入使用的蒸汽四轮汽车，当时这辆车能以 24 公里 / 小时的速度在伦敦和巴斯间提供常规运输服务。

1873 年，拥有 12 个座位的"顺从号"客车由法国工程师博来设计出来。他在 1878 年又设计了"拉芝塞勒"蒸汽机车，前置的蒸汽引擎驱动后轮前行，车速可达 40 公里 / 小时。但是，正当汽车发展最迅速的时候，铁路出现了，它使蒸汽汽车的主导地位受到了挑战，使其发展势头一度下滑。

卡尔·本茨和格特利普·戴姆勒是德国的两位工程师，他们开创了汽车发明史上的一个里程碑。他们率先意识到新出现

❖ 卡尔·本茨

的汽油发动机作为公路汽车动力来源的巨大潜力。1885 年，奔驰的第一辆三轮汽车出现，这辆汽车装有一马力的发动机，最大时速为 18 公里 / 小时。

进入 20 世纪以后，汽车不再是欧洲人的天下了。特别是亨利·福特，一个美国实业家，他在 1908 年 10 月开始出售著名的"T"型车，这种车产量增长惊人，短短 19 年，就生产了 1500 辆。亨利·福特还通过采用批量化生产技术完成了汽车制造业革命性的转变，在流水装配线上，一个新的汽车地盘进入时，工人们按顺序给地盘装配发动机、传动装置、轮子，最后安装车身。从那时开始，美国汽车便成为世界宠儿，福特公司也因此成为名副其实的汽车王国。所以，人们说，汽车发明于欧洲，但获得大发展却是在 20 世纪 30 年代的美国。福特采用流水作业生产汽车，在汽车发展史上树起了又一块里程碑。从此，汽车时代开始了。

汽车自上个世纪末诞生以来，已经走过了一百多年。从卡尔·本茨造出的第一辆三轮汽车以每小时 18 公里的速度跑到现在，竟然诞生了从速度为零到加速到 100 公里 / 小时只需要三秒钟多一点的超级跑车。这一百年，汽车发展的速度是如此惊人！汽车使人类不断加速地奔跑，人类在证明自己聪明智慧的同时，也享受着这些成果带来的便捷生活！

人类也有了日行千里的飞毛腿 *Great Inventions*

Great Inventions
轮船——
小鸭子在水里为什么不停摆脚

> 轮船是现代人的重要交通工具之一，从我国古代的"木筏"，到西方的"汽轮"，再到现代的"轮船"，其发展经历了一个漫长的历程。轮船的出现，使人类生活发生了改变，使世界各国的联系更加紧密。

"轮船"一词的渊源，可以追溯到中国的唐代，它的出现与船的动力改革有关。在唐代，有个名叫李皋的人，受到船上的桨和农村用来抽水的水车的启示创造了一种车轮船。船上装有带桨叶的桨轮，桨轮安装在船弦侧和尾部，下半部分浸入水中，上半部分露出水面，所以称它为"明轮船"或"轮船"。

由此可知，早期"轮船"确实是有轮子的，轮子在水里转动时，就像小鸭子的脚在水里不停地摆动。什么时候轮船的轮子消失了呢？这得从瓦特发明的蒸汽机讲起。

❖ 轮船

瓦特在18世纪中后期对蒸汽机进行了重大改进，使这一机器在大工业中得到普遍应用。所以，英国、美国、法国等资本主义发达国家，想把蒸汽机安装到船上去，目的是为了使用蒸汽作为动力来带动船的航行。

约翰·菲奇是第一个成功地把蒸汽机装到船上的人。他按照自己的想法，绘制出设计图，委托制造马车的作坊给他制造出模型。他带着这个模型到各州去寻求议会的支持。经过反复做工作，他终于获得了新泽西州议会的支持，批准他从 1788 年起 14 年的专利权。菲奇便以这项批准为依据在费城成立了造船公司。不久，菲奇的公司制造出第一只实验船，发动机是交替地向活塞两面送汽的蒸汽机。不幸的是，这只船实验失败了。第二只实验船的设计是在船的两侧各装两组联动的长桨，用蒸汽机带动，这次实验取得了成功。

❖ 停泊的轮船

富尔顿是菲奇之后对轮船发明作出重大贡献的又一杰出人物。他是美国一名机械工程师，被人们称为"轮船之父"。富尔顿最初是珠宝商学徒，而后成为艺术家。在费城时，他曾给富兰克林画过坐像。1786 年，他赴英深造。在英国他结识了一些工程师并和他们做了朋友。由于他对工程和发明很感兴趣，很自然地想到蒸汽作为水上运输动力的可能性。1797 年，他去到法国，和拉普拉斯结成了朋友，并用了七年时间试图设计出一艘可以运行的潜水艇。法国政府曾一度对富尔顿的打算发生兴趣，认为潜水艇可能作为摧毁英国海军的一种工具，于是他们把富尔顿请了去，并给了他大量资助，但最终让人大失所望，实验的船只以多次失败而告终。1806 年，他返回美国继续他的实验。1807 年，他制造了一艘名叫"克勒蒙特号"的船。

这艘船运转良好，不久，他造了一批汽船，并投入使用。汽船对 1812 年战争中的美国并没有提供很大的帮助，但是它已经深深铭刻在美国海军官兵的脑海中了。一天，狂风暴雨，富尔顿工作于正在建造的一艘战舰甲板上，不幸得了脑炎，不久就病故了，海军为他进行了国葬。

不过，此时的蒸汽轮船仍然装有全套帆具，蒸汽机只作为辅助动力。直到 1839 年，第一艘装有螺旋桨推进器的"阿基米德"号轮船建成。它船长 38 米，主发动机功率为 80 马力，这就进一步促进了蒸汽机轮船的发展，大大提高了轮船的航运能力。

人类也有了日行千里的飞毛腿 Great Inventions

Great Inventions

自行车——
一个护林员的奔跑机

自行车又称"脚踏车"或"单车"，通常是二轮的小型陆上车辆。自行车是绿色环保的交通工具，也是人类发明的最成功的一种人力机械。今天，自行车已经成为大众化的交通工具。

人类使用车轮的历史大约有五千年之久了，但是在 1690 年以前，没有任何人把两个轮子连接起来乘坐。如果法国马赛的道路宽阔些，也许没有人会将两个轮子连接起来乘坐，而自行车的发明也许要晚些了。1790 年的一个雨夜，法国人西夫拉克行走在一条街道上，路上积了许多雨水，很不好走。突然，一辆四轮马车从身后直奔而来，那条路比较窄，而马车又很宽，西夫拉克躲来躲去才没有被车撞倒，但还是被溅了一身泥水。于是他就想：路这么窄，行人又那么多，如果可以把马车的构造改一改，将马车顺着切掉一半，四个车轮变成前后两个车轮……他这样想着，回家就动手进行设计。1791 年，西夫拉克把一根横梁连接在两个木制车轮当中，在上面安装了一个座位，这就是西夫拉克制造的人类历史上第一辆"自行车"。更确切地说，这辆简单的"自行车"只能称为模型。

❖ 达·芬奇发明的自行车模型

真正意义上的自行车诞生于1817年,是由德国人卡尔·德莱斯研制成功的。德莱斯是一名护林员,他每天从村东的这一片树林,走到村西的另一片树林,检查森林情况,防止火灾或人为的毁坏,年年如此。有一天,他像往常一样在森林里巡查,走累了就坐在一根被伐倒的圆木上休息。他哼着歌,身子也情不自禁地前后摇晃起来。晃着晃着,屁股下的那根圆木便随着他身子的晃动而来回地滚动……突然,一块圆形的石头,借着坡势,和德莱斯擦身而过,速度之快令人吃惊。他看到眼前圆形的石头、木头,都容易滚动,而且滚动起来,速度特别快。受此启发,他尝试着利用滚动的原理来制造一部车子。与西夫拉克的自行车相比,德莱斯给自行车多装备了一个方向控制器。通过与一个车夫的比赛,德莱斯用四个小时跑完了车夫赶着马车跑了五个小时的路程。因此,他骄傲地将自己制造的自行车命名为"奔跑机"。

而真正具有现代形式的自行车是在1874年诞生的。英国人罗

❖ 自行车

松在这一年里,别出心裁地在自行车上装上了链条和链轮,用后轮的转动来推动车子前进。

在中国,20世纪70～90年代,自行车是最常见的交通工具。现在,自行车有公路自行车、场地自行车、山地自行车、速降自行车、斜躺自行车、旅行自行车、广告自行车、越野公路车、折叠车、电动自行车、小轮车、全木头自行车等多种类型。

如今,自行车已经进入千家万户,广泛地应用于我们的日常生活中,极大地方便了人们的生活。

人类也有了日行千里的飞毛腿

Great Inventions

自行车运动

自行车运动是以自行车为工具比赛骑行速度的体育运动，在1896年第一届奥林匹克运动会上被列为正式比赛项目。1900年国际自行车联盟成立，此后相继举办了世界自行车锦标赛（每年举行一次）、世界和平自行车赛（环绕柏林、华沙、布拉格一周，共2000多公里的多日赛）、环法赛（环绕法国一周3966公里的多日赛）。1913年前后，自行车运动由欧洲传入中国。1930年，潘德明开始骑自行车环游世界，经越南、柬埔寨、泰国、澳大利亚、印度尼西亚、马来亚、新加坡、美国、加拿大、古巴、瑞典等40多个国家和地区，历时七年多返回中国。1940年后，中国各地在田径场里举行了不同形式的中小型自行车比赛；1947年在上海举行了中国第一次全国性表演赛。中华人民共和国建立以后，自行车运动得到了全面、迅速地发展。

中国是世界上拥有自行车使用者最多的国家，骑车是中国人生活的一部分。每年，全国各地举行的各级各类自行车赛多达上百次。2010年9月10日，第一届环中国自行车赛在西安鸣枪。参赛者需要从西安出发，自西向东途经华山、三门峡、洛阳、郑州、泰安、德州、石家庄等地，在十天的时间里贯穿五个省市，于9月20日到达终点天津。本次赛事全程为

❖ 自行车运动会

1800公里，有来自世界各地的十支职业队和八支国家队参赛，作为东道主的中国挑选了四支车队出战。

Great Inventions

火车——呼啸而过的巨龙

> 火车是人类历史上最重要的机械交通工具之一，早期称为"蒸汽机车"，也叫"列车"，用独立的轨道行驶。最早的火车使用煤炭或木柴做燃料，因此而得名为"火车"，并一直沿用至今。一列列火车行驶在蜿蜒的轨道上，犹如一条条呼啸而过的巨龙。

交通运输业的发展，使得马车的运输速度低、成本高等缺陷日益暴露出来。随着瓦特蒸汽机的问世，第一次工业革命迅速展开。这时，动力问题解决了，但由于各行各业都在发展，对材料和燃料的需求量大增。于是，运输的难题摆在人们面前。火车作为新的交通运输工具便应运而生了。

❖ 蒸汽式火车机车

被称为"火车先驱"的乔治·史蒂芬逊出生在英国一个矿工家庭，贫困的家境使他根本没有机会接受教育。从八岁起，他便开始放牛贴补家用，一干就是六年。当别的孩子还在玩耍嬉戏时，小乔治已过早地挑起家庭的重担，进入一家煤矿当了一名见习司炉工，过早地尝到了生活的艰辛。

但他从不为自己出身卑微而消沉，而是积极地投入到本职工作中去，夜以继日地学习机械、制图方面的知识，并付诸实践。经过自己的努力，他很快成长为一名机械修理工、机械师，最终成为蒸汽机方面的专家。

史蒂芬逊开始着手研究、改造耶维安等人设计制造的蒸汽机车始于1807年。

人类也有了日行千里的飞毛腿 *Great Inventions*

把笨重的立式锅炉改成轻便美观、更实用的卧式锅炉，是史蒂芬逊进行的第一项改进。第二，他为蒸汽机车设计了与传统的马拉车铁轨不同的轨道，即在两条路轨间加装了一条有齿的轨道，其目的是防滑。第三，史蒂芬逊还在车轮内侧加了轮缘，这样可以有效防止出轨。经过一系列努力，史蒂芬逊终于在1814年设计制造了一辆全新的蒸汽机车，取名为"布鲁克"。它形态笨重，尤其是车头上的巨大飞轮最引人注目。在第一次试车中，"布鲁克"牵引重为30吨的八节车厢以七公里的时速行驶，尽管这与以前的机车相比已有很大进步，但仍因其丑陋、漏气、缓震性能差、易坏等缺陷受到人们的讥讽和嘲弄，甚至有人把他的发明称为"妖怪"、"魔王"。史蒂芬逊对此却一言不发，他认为事实是对他们最好的回答，他要用事实来证明一切。他对"布鲁克"进行了为期十年的改造。1825年，他制成了"旅行者"号蒸汽机车，

❖ 乔治·史蒂芬逊

并于当年的9月27日在达林顿至斯托克铁路上试车，至此世界上第一条铁路在英国正式通车了。那天，斯托克镇人山人海，大家都争先恐后地要目睹"旅行者"号是如何拖动六节煤车和20节客车的。机车在预定时刻开动了，它不负众望，毫不费力地拖动了450名乘客和90吨煤，并以24.1公里/小时的高速驶向达林顿车站。试车的圆满成功，标志着人类运输史进入了新纪元。

很快，性能优越的火车淘汰了马车。火车成为了陆上最主要的交通工具。随着性能优良的史蒂芬逊机车问世，人们很快发现铁路运输的优越性：运费低、速度快、运量大，尤其适用于大宗货物的运输。为了满足大规模货运和客运的需要，欧洲和美国不断加快铁路的修建速度。于是，大规模修建铁路的潮流席卷英国，后来又波及美国，继而又波及其他欧美主要国家。到19世纪末，世界上的铁路总和已达到五万公里。20世纪初，广大的发展中国家也开始修

建铁路，到20世纪末，世界上的铁路运营里程已达到近百万公里，火车已承担了世界上绝大部分货运与客运任务。世界上铁路较多的国家有：美国（超过30万公里）、俄罗斯（超过14万公里）、中国（超过8万公里）、印度（超过7万公里）、英国（超过2万公里）、德国（超过2万公里）、法国（超过2万公里）、日本（超过1.5万公里）和南非（超过1.3万公里）等。西方主要资本主义国家的工业化进程由于蒸汽机的发明而被大大加快了，世界格局也由此发生了巨大改变。

目前，国内外对火车技术的研究也取得了许多新的成就。随着技术的改进与提高，火车的速度也远非当初可比。如今，一般火车的时速都在80公里以上，火车的动力也由以前的蒸汽机车改为内燃机车或电力机车。在我国，更加清洁、高效的电力机车也已开始规模化使用。法国、德国、日本和美国是使用电力机车较多、技术也较成熟的国家。2003年，我国第一条磁悬浮列车在上海正式投入使用，它的时速高达450公里。如今，世界各国的交通工具都在朝着高速度、高效能、低能耗、低污染的方向发展。

早期的火车

早期的火车是蒸汽机车，它的外形五花八门：有的像压路机，有的像四轮马车，还有的和原始的汽车差不多……由于它们都是使用煤炭或木材做燃料，行驶时锅炉里火焰熊熊，烟气冲天，所以人们习惯上把它称做"火车"。

这些刚出世的火车"吃"的是"粗粮"——煤，但力气很大，而且煤的成本又较低，来源丰富，因而蒸汽机一直延用了很长时间。不过，它的缺点也很明显：一是运载能力很有限，二是速度慢，跑得比马车快不了多少。所以，本来就对火车这一新生事物有看法的一些马车主，更加傲气起来，经常要跟火车比个高低，以显示他的马车跑得快。然而，马车有时的确会扬扬得意地跑在火车的前头，这就进一步促使人们对火车进行不断改进。

Great Inventions
地铁——
从老鼠洞所想到的

地下铁道简称"地铁",狭义上专指在地下运行为主的城市铁路系统或捷运系统。地铁有着缓解城市交通压力的重要作用,同时也成了一个城市规模的象征,它已成为城市中一道别具一格的风景。世界上的主要大城市几乎都建有地铁,如我国的北京、上海、南京、广州等城市。现在我国不少中等城市也已建有或正在建设地铁。

为了缓解当时伦敦的交通压力,世界上首条地下铁路系统——伦敦大都会铁路在 1863 年 1 月 10 日开通并投入运营。然而这条地铁的首位发明者和倡导者居然是一位法官。

查理是伦敦市的一名法官,他总是因处理一些交通上的纠纷而疲惫不堪。原来,19 世纪中期的伦敦人口剧增,而城市的道路建设却没有跟上人口的增长,道路又窄又小,常常堵塞,导致人马相撞事故经常发生,市民们怨声载道,他们强烈要求市政府投入资金改变这种交通现状,但是市政府并没有什么好的方案来解决此种局面。查理是一个有着强烈公共意识的人,他不想让这种局面继续下去,于是

❖ 地铁

苦苦思索着最优的交通方案。当时的交通工具是马车，但是马车的乘客容量非常有限，这就必然要有更多的马车在路上行驶以适应乘客数量的剧增。马车的速度也是一个问题，因为很慢，且方向不好控制，必然要导致交通堵塞。要想改变城市的交通状况，首先要提高人的流动速度。可是，如何提高人流速度是查理最伤脑筋的问题。他想到火车是容量最大的，速度快，但是火车都是在城市之间的长线空地上行驶的，城市里空间有限，火车肯定不能在市里像马车那样行驶。那该怎么办呢？他又陷入了长长的思索中……

❖ 伦敦大都会地铁

一天下午，他在家里打扫卫生，当他把墙角边存放已久的箱子搬开时，发现墙边有一个老鼠洞，这个洞一直通到墙外。查理看了看，不由得自言自语起来："老鼠真厉害呀，钻在地下到处跑，也不怕交通堵塞。"他顿时想到：能不能让火车像老鼠那样，在地下跑呢？如果让火车入地成功的话，交通状况将会大大改善。

查理于1843年向伦敦市政府提出修建地下铁道的建议。可是，1854年被批准的铁路计划由于财政等各种原因被一再推迟，直到1860年这一建议才被正式采纳。修建过程并非一帆风顺，经常遇到各种阻力：有人认为这样会把地挖空，使得上面的建筑物塌陷，造成无法挽回的损失；也有人认为，火车在地下跑不安全，随时都可能出车祸，这纯属"天方夜谭"；甚至还有人涌入市政府，强烈抗议政府修筑地下铁路……最后，政府多次出面向市民解释其安全性，才勉强获得市民的理解和支持。经过三年的艰苦努力，1863年1月10日，伦敦地铁终于投入运营。

最初，好奇心促使市民们争相一睹地铁风采。可是好景不长，人们不愿意乘坐地铁了，因为地铁里整天浓烟滚滚，气味呛人。后来，政府部门召集专家"会诊"，终于开出了新处方——在隧道的顶部开凿一些孔道排出地铁里的烟雾。但是，一波未平一波又起，地铁隧道突然冒出的一股股浓烟常常吓得马狂奔乱跑，车祸不断。后来，一些专家共同努力，终于研制出无污染、速度又快的电动地铁列车，使地铁的运行步入了现代化。

地铁与城市中其他交通工具相比，除了能避免城市地面拥挤和充分利用空间外，还有很多优点：一是运量大。地铁的运输能力要比地面公共汽车大七至十倍，是任何其他城市交通工具都不能比拟的；二是速度快。地铁列车在地下隧道内风驰电掣地行进，行驶的时速可超过 100 公里；三是无污染。地铁列车以电力作为动力，不存在空气污染问题，符合现代人的环保观念。

地铁在国内外的广泛应用

1890 年，英国人将第一条地铁进行改进，建成了世界上第一条电气化的客运地下铁路，也就是著名的"伦敦地铁"。现在，伦敦地铁几乎覆盖了整个城区。地铁不仅以其快捷的性能在世界各大城市闪亮登场，成为缓解城市交通的得力助手，也是都市中一道亮丽的风景线。

亚洲最早的地下铁路出现在日本东京，于 1927 年开通。此外，土耳其伊斯坦布尔的第一条地铁修建于 1910 年，但因该城市坐落在欧洲，因此没有被算做亚洲的第一条地铁。非洲最早的地下铁路在埃及开罗，1987 年开通。

我国第一条地铁线路始建于 1965 年 7 月 1 日，1969 年 10 月 1 日建成通车，这使北京成为中国第一个拥有地铁的城市。

如今，绝大多数的城市地铁都用来运载市内的乘客，因其具有节省土地、减少噪音、减少干扰、节约能源、减少污染等优点，在很多场合下地铁都被当成城市交通的骨干。部分城市地铁已开始引入较为先进的列车自动操作系统。伦敦、巴黎、新加坡和香港等地的车长都毋需控制列车，更先进的系统甚至做到了无人操控，例如香港地铁的迪士尼线。

Great Inventions
红绿灯——
红绿装带给人们的启迪

人类也有了日行千里的飞毛腿 *Great Inventions*

> 红绿灯，又叫"信号灯"，是一种交通标志。它在规定的时间内交互更迭光色讯号，设置于交岔路口或其他特殊地点，用以将道路通行权传达给车辆驾驶人与行人，管制其行止及转向。红黄绿信号灯的出现，使交通得到了有效管制，对于疏导交通流量、提高道路通行能力、减少交通事故起到了很好的作用。如今，红绿灯已成为城市交通管理的重要工具和手段，它就像一个个生命的保护神，在各个交通路口默默关注着我们的生命安全。

世界上第一个由红绿灯组成的交通信号灯于1868年出现在英国伦敦，经过人们不断地改进才出现了由红黄绿组成的三色信号灯并一直沿用至今。那么，红绿灯又是如何产生的呢？

随着马车日渐增多，交通变得繁忙起来。马路上经常会发生马车轧人的事故。为了降低事故发生率，人们决定发明一种能指挥交通的信号灯。在19世纪初英国中部的约克城，妇女们红绿两色的服装是其身份的象征。其中，红装表示已婚，绿装则表示未婚。英国政府受红绿装的启示，便将它作为交通信号灯的构思，开始研制。

1868年，在一位名叫查德·梅因的警员的建议下，伦敦于当年12月10日在伦敦议会大厦的广场上安装了第一台红绿信

❖ 三色信号灯

号灯。它由当时英国机械师德·哈特设计制造。灯柱高 7 米，柱身挂着一盏红、绿两色的提灯——煤气交通信号灯，这是城市街道的第一盏信号灯。

人们后来将这种信号灯进行了改进，制造出了煤气红绿灯。它由红绿两个旋转式的方形玻璃提灯组成，红色代表"停止"，绿色代表"注意"。1914 年，"电气信号红绿灯"在美国率先被使用。这种信号灯由红、绿色圆形投光器组成，在俄亥俄州的克利夫兰进行了第一批安装试用。红灯亮代表"停止"，绿灯亮代表"通行"。后来纽约、芝加哥等城市也陆续安装了红绿灯。

此时的红绿灯只有"红"和"绿"两种颜色，那么我们现在看到的"红"、"黄"、"绿"三颜色的交通信号灯又是怎么来的呢？

随着交通工具的发展，为了满足交通指挥的需要，中国的胡汝鼎提出了增加黄灯的构想。1925 年，胡汝鼎先生怀着"科学救国"的抱负去了美国。他在爱迪生的通用电气公司工作。那时候，交通指示灯只有红绿两种颜色。有一天他在十字路口等待绿灯亮时穿马路。当绿灯亮后，他向前走去，正在这时，一辆左转弯的汽车呼啸擦身而过，吓了他一跳。当时他就想：怎样才能使拐弯的车辆与穿马路的行人不冲突呢？

经过反复琢磨，他想到了在红绿灯中加上一个黄色的信号灯，来指示有车辆要拐弯时，提醒行人的注意，防止交通事故的发生。于是，他向公司提出了自己的建议，并得到了领导的认可。

这种红绿灯是通过电气启动，由红绿黄三色圆形四面投光器组成的，被安装在纽约市五号街的一座高塔上。其中，红灯亮表示"停止"，黄灯亮表示"提个醒、请慢行"，绿灯亮表示"通行"。至此，红、绿、黄三色信号形成了一个完整的指挥信号系统。由于这种红绿灯操作起来既简单方便，又安全可靠，因此，很快便在世界各地普及开来。

1968 年，联合国《道路交通和道路标志信号协定》对信号灯的含义作了规定：绿灯是通行信号，面对绿灯的车辆可以直行、左转弯和右转弯，除非另一种标志禁止某一种转向。左右转弯的车辆都必须让正在路口内行驶的车辆和穿过人行横道的行人优先通行；红灯是禁行信号，面对红灯的车辆必须在交叉路上的停车线后停车；黄灯是警告信号，面对黄灯的车辆不能越过停车线，但车辆已十分接近停车线而不能安全停车时可以进入交叉路口。此后，这一规定在全世界开始通用。

20世纪初，美国人阿尔弗雷德·贝尼施开发了一种红绿灯系统。1928年，上海的英租界出现了中国最早的马路红绿灯。1935年，英国人珀西·肖发明了猫眼式反光路灯，大大地提高了行车的安全性。

2004年8月1日，北京首个太阳能人行横道交通信号灯在天安门广场投入使用。该信号灯具有蓄电功能，可以24小时保证信号灯正常工作，从而开创了红、黄、绿三色信号灯在中国发展的新阶段。

没有红绿灯的国家

人类也有了日行千里的飞毛腿

圣马力诺共和国是欧洲最古老的国家之一。该国风景秀丽，每逢旅行旺季，街市人头涌动，车流不息。圣马力诺只有2万多人口，却拥有各种汽车5万辆。按理说，交通状况应该是拥挤不堪的。但实际上，在圣马力诺行车，道路顺畅，极少有堵车现象，偶尔塞车也不必担心，很快就会自动化解。尤为令人惊奇的是，该国境内各种大小交叉路口看不到一个红绿灯信号。

没有红绿灯，交通却井然有序，这其中的奥妙就在于圣马力诺的公路设计、交

❖ 圣马力诺共和国的街道

通管理十分科学。该国的道路几乎全是单行线和环行线，开车人如果不进家门或停车场，一直开到底，就会不知不觉地又原路返回了。在没有信号的交叉路口，驾驶人员均自觉遵守小路让大路、支线让主线的规则。各路口上都标有醒目的"停"字，凡经此汇入主干的汽车都必须停车观望等候，确实看清干线无车时才能驶入。在圣马力诺，人们自觉遵守交通规则，这已形成习惯。

Great Inventions

飞机——
为人类插上飞翔的翅膀

飞机是现代生活中不可缺少的交通工具之一，它深刻地影响和改变着人们的生活。由于飞机的发明，人类环球旅行的时间大大缩短了。飞机的发明也使航空运输业得到了空前的发展，它已成为现化社会不可或缺的运输工具。

一般来说，风筝和热气球可以看做是早期的飞行器。飞机指具有机翼和一具或多具发动机，靠自身动力能在大气中飞行的重于空气的航空器。飞机才是严格意义上的飞行器。

那么真正意义上的飞机是怎么发明的呢?

世界上第一架载人动力飞机于 1903 年 12 月 17 日在美国北卡罗莱纳州的基蒂霍克南面的沙地上飞上了天空。这架掀开人类飞行史第一页的"飞行者一号"飞机的发明者就是美国的莱特兄弟。

在莱特兄弟中，老三韦伯和老四奥维尔俩兄弟从小就对机械制造有浓厚的兴趣。他们幼小的心灵里萌发着一个愿望：一定要制造出像鸟儿飞翔的东西，带人类自由自在地遨游太空。他们虽然没受过高等教育，但却十分重视理论，阅读了大量的空气动力学方面的书籍。

◆ 莱特兄弟及其发明的第一架飞机

1895 年，莱特兄弟开始研究和制造飞机。四年后，他们制成了一架类似风筝的小型双翼机。这架"风筝"配有缆线，在空中时可用来扭转机翼；在主翼前端安装有小型机翼，称为"升降舵"，用以稳定机身上下的动作。

1896 年 8 月，德国人奥托·李连达在试飞时不幸机毁人亡，这一消息让莱特兄弟感到非常震惊。不过，他们并没有退却，发明飞机的愿望反而更强烈了。他们向蓝格勒教授请教，蓝格勒教授热情地鼓励他们继续研究，还寄来了许多相关研究资料。

在实验过程中，莱特兄弟总结了丰富的经验和教训。1899 年，莱特兄弟已经掌握了大量的飞机制造的技能，便决定先制造一架滑翔机。1900 年 10 月，莱特兄弟制造了第一架属于自己的滑翔机。他们选择了一个风力很大的地方试飞，兄弟俩像放风筝那样将它成功地放飞。尽管这次飞行只有两米，可是毕竟能飞了。

接着，莱特兄弟又制造出了一架机翼长 12 米的新式飞机，取名为"飞行者 1 号"，并于 1903 年 12 月 17 日试飞。飞机迎着强劲的海风起飞了，在天空飞行了 59 秒后安全着陆。两兄弟激动地流下了泪水，

❖ 飞机

因为这是人类第一次驾驶飞机成功飞行！这一天被人们公认为飞机诞生日。

第一架飞机成功试飞后，有人认为莱特兄弟是不能制造出飞行时间更长的飞机的。然而 1904 年 5 月，莱特兄弟又制造出了"飞行者 2 号"，一共试飞 105 次，最长持续飞行时间超过 5 分钟；这年冬天，他们制造了"飞行者 3 号"，飞机飞得更高，并能进行"8"字飞行；1905 年 10 月，韦伯驾驶的"飞行者 3 号"持续飞行了 38 分钟，航程达 39 公里。他们用第 2 号、第 3 号甚至是第 4 号飞机，一共进行了 3000 多次飞行实验。1908 年，莱特兄弟成立了以他们名字命名的航空公司。为了纪念莱特兄弟为人类航天事业作出的伟大贡献，至今，在美国首都华盛顿的国会大厦里还有一幅以莱特兄弟发明飞机为内容的壁画。

飞机为人类插上了飞翔的翅膀。目前，飞机已被广泛用于交通事业，客机载客量也越来越大，美国波音公司生产的 747 "珍宝" 客机可以载客 500 多人。同时，飞机的飞行高度也越来越高，比如 "协和" 式客机能够在万米高空做超音速飞行。

人类也有了日行千里的飞毛腿

Great Inventions

Great Inventions

现代火箭——
人类进入太空的助推器

> 人类世世代代繁衍生息在由浓密大气覆盖着的地球表面上，多少年来，人类一直渴望着能够离开地面，升入太空，探索宇宙，而火箭就是人类进入太空的助推器。美国航空航天博物馆的墙壁上第一句话就是：最早的飞行器是中国的风筝和火箭。火箭在人类飞天梦想的实现中发挥着举足轻重的作用。

"火箭"一词最早出现在三国时代。当时的火箭是指头部带有易燃物、点燃后射向前方，并且飞行时带火的箭，常用于战争。

在发明火药后，宋代人在箭杆上绑上火药筒或在箭杆内装上火药，利用火药燃烧所产生的作用力使箭飞得更远。人们把这种箭叫做火箭。宋人发明的这种箭已具有现代火箭的雏形，可以说是现代火箭的始祖。随着科技的发展，人们又发明了现代火箭。

说到现代火箭，就不能不提到俄国科学家康斯坦丁·齐奥尔科夫斯基。1898 年，齐奥尔科夫斯基完成了他的划时代巨著《利用喷气工具研究宇宙空间》，这部著作的问世标志着火箭飞行技术的真正开端，为后来火箭技术的发展奠定了坚实的理论基础。虽然齐奥尔科夫斯基一生中并没有亲手

❖ 火箭

设计出实用的火箭，但他的许多研究成果却大大加快了人类飞向太空的历程。鉴于他的杰出贡献，齐奥尔科夫斯基被后人誉为苏联"航天之父"。

美国最早的火箭发动机发明家罗伯特·戈达德有句名言："昨天的梦想就是今天的希望、明天的现实"。正是凭着对梦想的不断追求，罗伯特·戈达德才在现代火箭研究领域取得了巨大成就，被公认为"现代火箭技术之父"。

❖ "火箭之父"——齐奥尔科夫斯基

罗伯特·戈达德于 1882 年出生在伍斯特。17 岁时，戈达德坐在他家屋后的一棵树下读英国作家 H.G. 韦尔斯的科幻小说《星际大战：火星人入侵地球》时，突发灵感要是我们能够做个飞行器飞向火星，那该有多好！这么个小玩意儿可以从地上腾空而起，飞向蓝天。从那时起，罗伯特·戈达德就定下了人生的奋斗目标。

1901 年，戈达德上了伍斯特的一所技术学院，成了数学和物理学的行家，后来又上了克拉克大学。在克拉克大学一年后，戈达德去了新泽西州普林斯顿学院，并对火箭进行研究。1913 年 10 月，戈达德完成了第一枚火箭计划；次年 5 月，又完成了一枚火箭计划。这两次火箭计划为后来的载人航天奠定了基础。1914 年，美国政府授予他两项专利以保护其发明权。

1945 年，罗伯特·戈达德因患癌症不幸去世，享年 63 岁。他一生体弱多病，但天性乐观。他在火箭研究方面取得的显著成就使他得到了很多荣誉。

中国于 20 世纪 50 年代开始研制新型火箭，科学家钱学森为此作出了巨大的贡献。

人类也有了日行千里的飞毛腿

Great Inventions

钱学森于1911年出生在上海，1936年，他转到加利福尼亚理工学院学习。在那里，他师从著名的力学大师冯·卡门教授，研究与飞机设计相关的空气动力学理论。新中国成立后，为了报效新生而落后的祖国，钱学森毅然决定回国。历经千难万阻，钱学森于1955年回到了祖国的怀抱，成为中国导弹、火箭、人造地球卫星研制的主要技术领导人与组织者。在他回国仅四个月后的1956年2月17日，他就向党和政府提出《建立我国国防航空工业的意见书》，最早为中国火箭和导弹技术的发展提出极为重要的实施方案。

1956年4月，钱学森负责组建国防部第五研究院。他先后组织制造了中国首枚近程导弹、首枚中近程导弹。在钱学森的努力和带动下，1970年四月24日，我国用"长征1号"三级运载火箭成功地发射了第一颗人造地球卫星。钱学森为新中国的火箭导弹和航天事业的发展立下了不朽的功勋，因此被称为"中国现代火箭之父"。

万户飞天

第一个想到利用火箭飞天的人是明朝的万户。

14世纪末期，明朝的士大夫万户在一个月明如盘的夜晚，带着家仆来到一座高山上，他们把47个自制的火箭绑在椅子上，将一只形同巨鸟的"飞鸟"与绑着火箭的椅子连在一起，"鸟头"正对着明月，万户拿起风筝坐在鸟背上，随从他的47位仆人同时点燃了烟花，但是一阵剧烈的爆炸使万户和他的"飞行器"毁于一旦。双手举着大风筝的万户设想利用火箭的推力飞上天空，然后利用风筝平稳着陆。不幸火箭爆炸，万户也为此献出了生命。

人们在远处的山脚下发现了万户的尸体和"飞鸟"的残骸。后人将万户飞天的高山称为"万户山"，以缅怀这位中华飞天第一勇士！

这个故事后来被记载为"万户飞天"，万户被认为是人类的"航天鼻祖"。在20世纪70年代的一次国际天文联合会上，月球上一座环形山被命名为"万户山"，以纪念这位"人类第一个试图利用火箭飞行的人"。

Great Inventions

磁悬浮列车——
火车怎么飞起来了

磁悬浮列车安全可靠，性能好，维修简便，能源消耗极低，不排放废气，集计算机、微电子感应、自动控制等高新技术于一体，平稳、无震动、无噪音、无污染，是目前人类最理想的绿色交通工具。

磁悬浮列车是一种以磁悬浮力，即磁的吸力和排斥力为推动力的列车。由于其轨道的磁力使之悬浮在空中，行走时不需接触地面，因此其只受空气阻力，它的最高速度可以达每小时 500 公里以上，比轮轨高速列车的 300 多公里要快得多，因此它成为航空的竞争对手。那么，它为什么有"地面飞行器"、"超低空飞机"的美誉呢？这是因为磁悬浮列车的速度除了可以和飞机相比之外，还可以大大地节省能耗，可以与地面无接触、无燃料地快速飞行。它在运行时，以常规列车无法达到的速度悬空在轨道面上，真正可以算得上是一种会"飞"的列车。

磁悬浮列车作为一种新型的轨道交通工具，是对传统轮轨铁路技术的一次全面革新。它的问世，使交通发生了革命性的变革，是人类理想的新一代交通工具。

早在 20 世纪上半叶就有人提出利用磁力将车浮起并驱动前进的构想。

人类也有了日行千里的飞毛腿

Great Inventions

❖ 磁悬浮列车

1909 年，火箭工程师罗伯特·戈达德最先提出磁悬浮列车这个设想。1922 年，德国的海尔曼·肯珀提出了电磁悬浮原理，但直到近二十年有了电力电子技术、直线电机、超导和计算机控制技术的支持后，磁悬浮列车才从人们的想象中逐步走向现实。20 世纪 20 年代，美国布鲁克林国家实验室的两位青年物理学家，设想了一种由超导磁铁感应圈悬浮的每小时 480 公里的火车，但并未付诸实践。海尔曼于 1934 年申请了开发磁悬浮列车的专利，于是磁悬浮列车首先在德国展开了研究。

现今，许多发达国家竞相开发磁悬浮列车技术。

1962 年德国开始了磁悬浮的基础研究，1977 年决定集中发展常导吸引式磁悬浮列车。1987 年建成了总长 31.5 公里的实验线，速度达到每小时 450 公里。德国已于 1977 年宣布修建从柏林到汉堡长达 292 公里的磁悬浮复线铁路。

日本一直开展着超导电动式磁悬浮列车的研发工作，20 世纪 70 年代研制成功 ML-100 实验车，1977 年建成的宫崎单日线实验线全长 7000 米。1979 年，ML-500 实验车创造了磁悬浮列车每小时 517 公里的速度。

世界上第一个运行吸引式磁悬浮系统的是 1984 年设置在英国伯明翰飞机场到火车站之间的低速往返列车。

1996 年，美国开通了从奥兰多机场到迪斯尼乐园 22 公里的磁悬浮线路。

2002 年 12 月 31 日，世界第一条商业化运营的磁悬浮示范线在上海胜利通车。

随着科技的不断发展，人们对磁悬浮力展开深入研究，高速磁悬浮列车被越来越多地应用于人们的日常生活中，在不久的将来，必将以"飞"的速度应用于世界各地。

低碳环保的磁悬浮列车

快速、低耗、环保、安全是磁悬浮列车的特点。它的高速度使其在 1000 至 1500 公里之间的旅行距离中，比乘坐飞机更优越。由于没有轮子、无摩擦等因素，它比目前最先进的高速火车省电 30%。在时速 400 公里时，人均运输能耗只有轿车的二分之一、飞机的三分之一。高速磁悬浮交通在 800 至 1500 公里范围内能实现三小时舒适旅行，在 200 至 300 公里范围内实现半小时至一小时的通勤出行，可有效分流航空客流和公路客流。

Great Inventions

航天技术——
人类飞天不是梦

> 遨游太空始终是人类不灭的梦想。从我国古代的万户设想乘火箭飞入太空，到现代各国的航天器陆续升空，人类对自己的飞天梦从未放弃探索与尝试。随着现代航天技术的迅猛发展，人类的飞天梦早已实现。航天技术又称空间技术，是指将航天器送入太空，对太空和地球以外天体进行探索、开发和利用的综合性工程技术。航天技术是衡量一个国家现代技术发展水平的重要标志。

人类对航天技术的利用，经历了一个漫长的发展历程。

历史上，每个国家开拓生存空间的大小决定了他们的政治地位。16 世纪，对海洋的占领（制海权）使得葡萄牙、西班牙、英国依次成为那个时代的主角；19 世纪，对空间的占领（制空权）使得德国、俄国、美国又依次成为那个时代的主角，成为政治舞台上的重量级角色。人类航天史的前几十年都是在美国和苏联这两个大国之间的竞争中进行的。20 世纪 50 年代至 70 年代，美苏两个超级大国想把"家"安在太空，占领更大的空间，在制空权上掌握更大的主动，因此，他们之间竞相发展航天技术，包括火箭、卫星、飞船、空间站、行星探测器等。

在 20 世纪 50 年代末至 60 年代初的竞争中，苏联连续获得数项空间竞赛第一。1957 年 10 月 4 日，苏联成功地发射了世

❖ "阿波罗 11 号"宇宙飞船

人类也有了日行千里的飞毛腿

Great Inventions

界上第一颗人造地球卫星"斯普特尼克1号"。半年后，美国的人造卫星上天。1959年9月12日，苏联发射无人驾驶的"月球2号"，它成为世界上第一个撞击月球表面的航天器。1961年4月12日，苏联宇航员加加林所乘的"东方1号"飞船升空，历时108分钟。这标志着人类首次进入了太空，赫鲁晓夫也因此在联合国会议上得意地用鞋敲着桌子欢呼。美国人有点坐不住了，朝野上下都深感这是一个极其严重的政治问题。于是，在加加林上天之后，美国就迫不及待地提出"要赶超苏联"的口号，并下定决心要显示一下其作为世界头号超级大国的科技水平和综合国力。1961年5月25日，美国总统肯尼迪要求国会通过将人类送至月球的计划。他表示："这项计划将开启我们在月球上的远景"，认为美国"应继续保持在太空领域的领导地位"。当时，这位总统还提出了"谁能控制空间，谁就能控制地球"的战略思想。后来，这一思想成为美国人进军太空的动力之源。

20世纪60年代中期至80年代，美国航天技术取得了进一步的发展，美、苏两国各有所长。1965年3月18日，苏联宇航员列昂诺夫走出"上升-2号"飞船，离船5米，停留12分钟，首次实现了人类航天史上的太空行走。美国人实施载人登月计划是以太阳神"阿波罗"来命名的，其目的就是实现载人登月飞行和人对月球的实地考察，为载人行星飞行和探测进行技术准备。阿波罗载人登月工程对美国进展缓慢的航天计划起到了巨大的激励作用，全国各界纷纷献计献策，投资240亿美元，用了八年时间，终于梦想成真，人类登上了月球。当时全球电视直播，亿万观众目睹了美国国旗插上月球，听到了阿姆斯特朗那句感动世界的名言："我的一小步，人类的一大步。"而在1969年1月14日至17日，苏联的联盟4号和5号飞船在太空首次实现交会对接，并交换了宇航员。1969年7月21日，美国宇航员阿姆斯特朗走出阿波罗11号飞船的登月舱，在月球表面停留21小时18分钟，成为人类踏上月球的第一人。

自成功登月后，美国人集中人力、物力、财力发展航天技术。1981年，美国研制的第一架航天飞机"哥伦比亚号"于4月12日成功进入太空，绕地球飞行36周，于14日返回地面。1986年2月20日，苏联建立了"和平号"空间站，它的核心舱重达21吨，长13.3米，两块太阳能电池帆总面积达六平方米，实现了宇航员长年在舱内的生活，并能够像在家里一样舒适自由。

1987 年，量子号天文物理舱成功地与核心舱对接，建立了空间站。从此以后，苏联人掀开了太空安家的历史书页。

至此，美国和苏联经过反复论证提出将美国的航天飞机与苏联的"和平号"空间站对接。1995 年 6 月 29 日 12 时 55 分，两者终于完成了对接这一大胆设想，并且共同飞行了六天，两国携手拉开了建立阿尔法国际站的序幕。

❖ "哥伦比亚号"航天飞机

与此同时，中国的航天事业也有了新的突破。1999 年 11 月 20 日 6 时 30 分，中国首艘载人航天实验飞船"神舟号"从酒泉卫星发射中心升空，这标志着中国突破载人航天技术。2003 年 10 月 15 日，"神舟五号"飞船载着我国首位宇航员杨利伟成功进入太空，绕地球飞行 21 小时后安全返回地面。

2005 年 10 月 17 日，"神舟 6 号"绕地球飞行五天后，在预定地点安全着落，首次实现了中国飞船在太空"多人多天"飞行，拉开了中国人在太空"安家"的序幕。2010 年 10 月 1 日，"嫦娥 2 号"探月卫星在中国西昌卫星发射中心升空并取得圆满成功。这标志着中国探月工程二期的完美揭幕。

也许，有一天，人类真的可以在茫茫太空中建立起属于自己的美好家园。

❖ "和平号"航天飞机

人类也有了日行千里的飞毛腿

Great Inventions

Great Inventions
空间站——
航天员在太空的家园

距今为止，空间站发射已有近40年的历史了，在这一航天活动领域苏联跑在了第一线。空间站是航天员在太空的家，而这个家则是一个绕地球飞行的航天器。天文和地球的观察，太空医学和生物学的研究，发展新工艺、新技术及航天活动都能在空间站中举行。

苏联于1971年4月19日，发射了世界上第一个（实验性）空间站"礼炮1号"，该空间站总长约12.5米，最大直径4米，总重约18.5吨。它由轨道舱、生活舱和对接舱组成，呈不规则圆柱形，它只有与"联盟号"航天飞船对接的接口。

"礼炮1号"工作了六个月，在进行了载人和不载人的综合性科学考察和对地球的观测后完成使命。这之后，苏联又在"礼炮1号"（属于第一代空间站）的基础上先后发射了"礼炮2号"到"礼炮7号"六个空间站。

1986年2月20日苏联又完成了第三代空间

❖ "礼炮1号"与"联盟11号"对接

站——"和平号"空间站的建造，"和平号"空间站的主舱发射入轨完成于1986年2月20日。这个空间站不像其他空间站那样在地面上一次做完再发射，而是采用了模块式结构，先发射基础模块(主舱)，再根据需要分别发射单独模块，不如说是各种科学实验舱，使它们在轨道上与主舱交会、对接，从而组成继续扩展的空间站，这项工作的难度可想而知。自主舱发射成功后，苏联又将五个科学舱模块相继发射成功，成功地完成了对接。

美国于1973年5月发射了一个与苏联"礼炮6号"水平相当的空间站，即"天空实验室"空间站。"天空实验室"空间站像一架巨大的直升机，由轨道舱、气闸舱、多用途对接舱和太阳望远镜等四大部分组成，其轨道舱是用"土星5号"火箭的第三级改制的，舱外有两块能发出3.7千瓦电力供舱内仪器使用的翼状太阳能电池集光板。

美国于1973年又发射"阿波罗"载人飞船进入太空，与"天空实验室"对接成功，并且先后有三批共九名航天员在站内分别生活和工作了28天、59天和84天，还出舱活动达40多小时。"天空实验室"全长36米，最大直径6.7米，总重77.5吨，由轨道舱、过渡舱和对接舱组成，可提供360立方米的工作场所。在载人飞行期间，宇航员用58种科学仪器进行了270多项生物医学、空间物理、天文观测、资源勘探和工艺技术等实验，拍摄了大量的太阳活动照片和地球表面照片，研究了人在空间活动的各种现象。1974年2月第三批宇航员离开太空返回地面后，"天空实验室"便从此被封闭停用，直到1979年7月12日在南印度洋上空坠入大气

❖ 1973年，美国"阿波罗"号登月

人类也有了日行千里的飞毛腿

Great Inventions

❖ 美国"阿波罗"号宇航员

层烧毁,完成了它的使命。它在太空运行 2249 天,航程达 14 亿多公里。

苏联的"和平号"空间站在十年的工作中,运行很顺利。在 1989 年底,苏联开始了"和平号"的商业经营。美国的蛋白质晶体生成实验装置是它的第一个商业性载荷,56 天以后实验成功,美方对结果十分满意。从此,类似的商业经营连续不断,给苏联带来了巨大利润。但是自设计寿命终结后,"和平号"已随着岁月的推移逐渐老化而不堪重负了,技术上的缺陷也日渐暴露出来。

美国于 1984 年宣布要在 10 年内建立起比苏联"和平号"规模大得多的永久性航天站——"自由号"空间站。"自由号"空间站是一个国际性航天站,欧洲航天局、日本、加拿大都占有一个舱段,但是巨大的耗资成了当时美国国会每年讨论航天拨款时的众矢之的。

1993 年 4 月,美国总统克林顿终于在限制经费额度的前提下批准了被国会讨论了九次、表决了九次的"自由号"的建设计划,但是这个被压缩了规模的方案,其研制经费和运行管理费仍超出白宫限定的标准,为了使此项计划正常实施,美国希望俄罗斯加盟,因为俄罗斯现成的硬件以及载人航天技术和对大型空间站的管理经验是不可或缺的,于是困难的双方一拍即合达成合作协议。

1993 年 9 月 2 日,美俄之间签署了一项具有历史意义的航天合作协议。两国在"自由号"和"和平号"空间站相互合作,由此一个真正意义上的国际空间站"阿尔法号"诞生了。

整个空间站的建设分三个阶段进行。

1994 年至 1997 年是第一阶段，美俄两国将美国航天飞机与"和平号"空间站的七次对接飞行完成，每次都有一名美国航天员留在"和平号"上完成累计三年的工作。

1998 年 6 月至 1999 年 6 月是第二阶段，这个期间要达到有三人在轨工作的能力。这是只有美俄两国参加完成的奠基工作阶段，美国的两个节点舱、俄罗斯的服务舱、美国的实验舱和俄罗斯的"联盟号"飞船与多功能货舱都会分别发射入轨。空间站上将有 13 个科研实验柜和十千瓦的电力以供初期科学研究所用。到本阶段结束时，空间站的核心部分将建成，达到有人照料的能力。

❖ "和平号"

1998 年 11 月至 2003 年 12 月是第三阶段，这个期间要达到 6 ~ 7 人在轨长期工作的能力。俄罗斯把自己的"和平号"空间站上最后一个到位的光谱舱和自然舱移动到国际空间站的应用上。美国的桁架结构、太阳能电池板、加拿大的移动服务系统、欧洲航天局的"哥伦布号"实验舱、日本的实验舱和俄罗斯的桁架结构及太阳能电池板将会先后在此阶段组装。最后，加上发射美国的居住舱，自此国际空间站的建设装配彻底完工。

根据预计国际空间站建成后将会运行十年，到 2012 年它的寿命会自然终结。这一跨世纪的伟大航天器为人类在 21 世纪观察地球和进行科学研究提供了一个前所未有的空间，也为人类长期探索太阳系打开了大门。

人类也有了日行千里的飞毛腿

Great Inventions

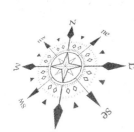

Great Inventions
电报——
人类最早的远距离即时通讯技术

电报就是指一种最早的、可靠的远距离即时的通信方式，这是除了人声以外的首项远距离即时通信技术。这项技术是 19 世纪 30 年代在英国和美国发展起来的。电报就是将信息通过专用的交换线路以电信号的形式发送出去，这种信号用编码代替文字和数字，通常使用的编码是莫尔斯编码。

早在 18 世纪的 30 年代，由于铁路的迅速发展，人们迫切需要一种不受天气影响、没有时间限制而且又比火车跑得更快的通信工具。此时，发明电报的基本技术条件也已具备，在当时像电池、铜线、电磁感应器等都已经有了。

1804 年，加泰罗尼亚科学家唐·弗朗西斯科·沙尔瓦·康皮奥，在意大利物理学家亚历山德罗·伏打发明电池后不久，设计出了一个"25 线电解电报机"，其中的每一根导线均代表字母表中的一个字母 (除了"K"以外)，并将导线连接到一管酸溶液中的一个电极上，一根导线在溶液管内与其他电极相互连接，并绕回到发报者处。当发报者将某一根导线及其他导线中的一根与电池相连时，电流在接收者这端就会引发水电解反应，于是就会在电极上出现水泡，接收者只需查询冒泡电线所代表的

❖ 指针式电报机

❖ 电报传输线

字母即可获取电报内容。

到了1837年，英国库克和惠斯通设计制造了第一个有线电报，通过不断的改进，发报速度不断提高。这种电报也很快在铁路通信中获得了广泛应用，其电报系统的特点是用电文直接指向字母。

与此同时，美国一个叫莫尔斯的画家也迷上了电报。41岁那年，他在法国学画后返回美国的轮船上，医生杰克逊帮他打开了电磁学这个神奇的世界。杰克逊向他展示了电磁铁，这是一种一通电就能吸起铁的器件，而且一断电铁器就掉下来。他说："不管电线有多长，电流都可以神速通过。"这个小小的演示，让莫尔斯产生了遐想：既然电流可以瞬息通过导线，那能不能用电流来传递信息呢？

莫尔斯回美国后，便全身心地投入到研制电报的工作中去。他从头开始学习电磁学知识，拜著名的电磁学家亨利为师。他把画室改为实验室，买来了各种各样的实验仪器和电工工具，不分昼夜地埋头钻研。一个又一个方案，一幅又一幅草图，一次又一次实验，但结果却是一次又一次的失败。

他几乎绝望了，有好几次他都想重操旧业。但是，每当他拿起画笔看到画本上自己写的"电报"字样时，他又被原来立下的誓言所激励，重新抬起头来。

那是在1836年的一天，莫尔斯终于探索到了一种新方法。他在笔记本上这样写道："电流只需停止片刻，就会闪现出火花。有火花出现可以看成是一种符号，没有火花出现是另一种符号，没有火花的时间长度又是一种符号。如果把这三种符号组合起来即可代表字母和数字，就可以通过导线来传递文字了。"

在今天看来，这是多么简单的事啊！但莫尔斯却是世界上第一个想到用点、划和空白的组合来表示字母的，这是多么不简单啊！这种用编码来传递信息的构想是多么奇特！莫尔斯的奇特构想，即著名的"莫尔斯电码"，这是电信史上最早的编码，也是电报发明史上的重大突破。

　　莫尔斯在编码方面取得重大突破以后，马上就又投入到紧张的工作中去，一步步努力地把设想变为实用的装置，并且不断地对装置加以改进。1844年5月24日，他翻开了世界电信史上光辉的一页。莫尔斯在美国国会大厅里，亲自按动电报机按键。随着一连串"嘀嘀嗒嗒"声响起，电文通过电线很快就传送到了数十公里外的巴尔的摩。他的助手很快地把电文准确无误地译了出来。莫尔斯电报技术的研制成功轰动了美国、英国和世界其他各国，他的电报机很快风靡全球，而且被广泛地应用。

　　19世纪后期，莫尔斯电报被广泛地应用于电报信息传递领域（而且稍后出现的无线电通信也同样使用莫尔斯电码）。莫尔斯的助手阿尔弗雷德·维尔完成了莫尔斯电码最终版本的完善工作。

　　因为莫尔斯电报技术的广泛应用，传递信息需要的电报线缆很快便覆盖了北美洲以及欧洲的绝大部分地区。随后电报线缆的铺设工作转向水下，比如1845年横跨纽约港的水下电报线缆，还有1851年横跨英吉利海峡的水下电报线缆等。

　　美籍英裔发明家大卫·休斯在1855年发明单传打字电报机，发报者只要轻轻敲击键盘，在收报端另一台相似的机器就能自动将接收的信息打印出来。1856年，"纽约密西西比河流域打印电报公司"正式更名为"西部联盟电报公司"，由此可见，美国东西部的电报线网络已经被连接为了一体。

❖ 电报机

　　从此，电报在电话以及无线电通信出现之前成为国内国际间通行的主要即时通讯媒介，它为人们的生活带来了极大的便利，也对后期通信事业的发展起到了重要的作用。

　　虽然电报已经被更先进的通信方式所取代，但是我们仍不可忽视它在上个世纪通讯不发达的情况下，作为人类最早的远距离即时通讯技术给人们生活带来的变化和对社会进步所起的重大作用。

Great Inventions

传真机——
从片纸游戏中得来的启示

现实生活中的千里眼、顺风耳

传真机是应用扫描和光电变换技术，把文件、图表、照片等静止图像转换成电信号，传送到接收端，以记录形式进行复制的通信设备。近十几年来，传真技术已经成为使用最为广泛的通信工具之一。传真机的出现，为我们的生活提供了很大的便利。它不仅可以将文字、图片等通过传真机很快地原样传送给对方，而且现在大部分传真机还有复印功能，可以复印文字和图片。

那么传真机是如何发明的呢？说起传真机的发明我们还得先从一个纸片游戏说起。

有位名叫尼泼科夫的人对通讯技术十分感兴趣。在学好学校课程的前提下，他几乎把所有时间都花在阅读有关通讯方面的书籍上。

一天，尼泼科夫在教室里尝试设计一种传真装置。忽然，他看见左右邻桌的两位同学正在做一种游戏：他们桌上各放着一张大小相同的纸，纸上画满大小相同的小方格；在尼泼科夫右侧的同学在纸上写了一个字，然后按照一定的顺序告诉对方哪一个小格是黑的，哪一个小格是白的；对方按照右侧同学发出的指令，或用笔将小方格涂黑，或让它空着。这样，待对方同学将全部小方格都按指令处理后，纸上出现了与右侧同学写的相同的字。尼泼科

❖ 早期传真发报机

夫看着看着，不禁感叹这个办法的妙处。他心想：任何图像都是由许许多多的黑点子组成的。如果把要传送的图像分解成许多细小的点子，借助一定的科学方式把这些点子变成电信号，并传送出来，那么接收的地方只要把电信号再转化为点子，并把点子留在纸上，不就可以实现图像的传真了吗？

尼泼科夫从这种片纸游戏中得到启发，并在这方面的研究取得了突破性的进展。早在 1842 年，英国的贝思就提出通过电路传送图像、文字等的设想。他做了各种实验，可是由于条件所限，他的实验传真技术并没有取得预期的效果，他的设想也被束之高阁。此后的 40 年

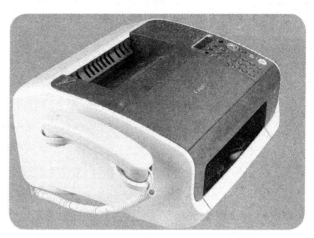

❖ 传真机

里，传真通信技术并没有得到什么重大发展。尼泼科夫决定在接下来的日子里实施这一方案。首先，他将图像分解成许多的点子。尼泼科夫受儿时玩耍过的风车的启发，研制出了一个扫描装置。这样，当光穿过不断运动的孔时，受图像明暗的影响，光有时候亮，有时候暗。接着，要把变化的光信号变成变化的电信号，这个"任务"就由光电管承担。因为光电管能根据光的亮度产生相应的电流。于是，发送装置就这样大功告成了。很快，尼泼科夫做成了圆盘式传输装置，并且还申请了专利。

但是，由于受到当时电子科学技术发展水平的限制，这台圆盘式传输装置的传真效果还不理想。尽管如此，它还是为后来的研究者指明了研究方向。

此后，美国的格雷、英国的考珀也在传真装置的研制上取得了卓越的成绩。在汲取许多科学家研制经验的基础上，美国无线电公司于 1925 年研制出了世界上第一部实用的传真机。1925 年 4 月，最早的彩色传真图片刊登在《贝尔系统技术报导》的卷首插图上，但是直到上世纪 80 年代中期，彩色传真机才逐渐发展到可以实用化的程度。

目前，传真通信技术已经被广泛地应用于通信领域。

Great Inventions

电话机——电也能传递声音

> 电话是固定电话的一种，是通过电信号双向传输话音的设备。它的发明向人们展示了电也能传递声音的"奇迹"。"电话"一词是日本人生造的汉语词，用来意译英文的 telephone，后传入中国。电话的出现，从根本上改变了人们的通讯方式。

今天，各大城市的上空都可以看到蜘蛛网一样的电话线，电话已成为人们生活中必不可少的通讯工具，生活在不同地区的人要想联系，既不用寄信，也不必亲自赶到对方所在的地方，他们只要通过电话这一工具即可办到。那么，电话究竟是个什么样的通讯工具，它是什么人在什么时候发明的呢？

人们通常认为，历史上的第一台电话机是由一个叫亚历山大·贝尔的美国人发明的，并于1976年在美国投入使用。但是我们可能想不到，这项伟大的发明是在一次偶然"事故"的启发下诞生的。

贝尔生于1847年，原是苏格兰人。他的父亲和祖父都是研究声学的学者，受家庭的影响和熏陶，贝尔从小就对声学产生了浓厚的兴趣。他24岁时移居美国，不久加入美国国籍。1873年他已是波士顿大学语言生理学的教授。与此同时，他开始对声学和电学进行深入的研究，还请来

❖ 美国发明家贝尔

了沃森做助手研制电话。他们在自己的实验室里奋斗了两年多，却看不到一点成功的希望。尽管如此，他们并不气馁，仍然坚定信念，一定要研制出电

话来。1975 年的一天，贝尔和他的助手沃森分别在两个房间配合做一项实验，由于机器发生故障，沃森看管的报机上的一块铁片在电磁铁前不停地振动，这一振动产生了电流，电流沿着铁片传播，使得邻室的铁片也产生了同样的振动。振动声引起了善于思考的贝尔的注意，启发了他新奇的联想。终于在 1875 年，贝尔和沃森利用电磁感应的原理研制出了世界上第一部电话机，从而开启了人类通讯史的新纪元。

1876 年 2 月 14 日，贝尔向美国专利局申请了专利。3 月 10 日，这部电话机正式投入使用。当时，正在做实验的贝尔不小心把硫酸溅到了脚上，他赶紧向在另一个房间工作的沃森求助，"沃森，快来帮我！"这便是世界上第一句由电话机传送的声音，沃森也从听筒里清晰地听到了贝尔的求助声。

❖ 世界上第一部电话

这样，人类就有了最初的电话，同时也揭开了一页崭新的通讯史。1877 年，第一份用电话发出的新闻电讯稿被发送到波士顿《世界报》。1878 年，贝尔电话公司正式成立。1892 年，纽约—芝加哥的电话线路开通。电话发明人贝尔第一个试音："喂，芝加哥！"这一历史性的声音被记录了下来。1915 年，第一条横贯美国大陆的电话线开通，贝尔又一次像过去和他的助手通话一样，激动地喊着："沃森先生，到这里来，我需要你。"这次，这句话不是从一个房间传到另一个房间，而是从东海岸边传到了西海岸边，真正实现了"千里有话一线通"。

贝尔于 1922 年 8 月 2 日逝世。为了使人们体会到失去贝尔就像失去电话一样，在为他举行葬礼这一天美国全部电话一律停用。1950 年，他被选定为美国伟人纪念馆中的一员。他发明的世界上第一部电话至今还保存在美国历史博物馆里。

随着电子技术的飞速发展，现代电话机不仅数量大增，而且品种和功能更加齐全。近些年来无线电话、可视电话等高科技电话产品相继出现，他们具有了拍照、上网等各种功能。

Great Inventions

无线电通信——
拉开信息时代的大幕

21世纪无线电通信技术正处在关键的转折时期，尤其是最近几年最为活跃。无线电通信技术拉开了信息时代的大幕。同时，信息化的飞速发展和IP技术的兴起，必将快速促进无线电通信技术适应未来社会生产和生活的需求。无线电通信技术将有愈来愈广阔的活动舞台及光明的发展前景。

现实生活中的千里眼、顺风耳 *Great Inventions*

人类发明了电报和电话后，信息传播的速度不知比以往快了多少倍。电报、电话的出现缩短了各大陆、各国家人民之间的距离感。但是，当初的电报、电话都是靠电流在导线内传输信号的，即有线电通信，这使通信受到很大的局限，因为有线电通讯需要架设线路。这时，通信方式急需要改进。

19世纪发明的无线电通讯技术，使通信摆脱了依赖导线的方式，它的发明是通信技术上的一次飞跃，也是人类科技史上的一个重要成就，从而真正拉开了信息时代的大幕。

到底是谁发明了无线电通信呢？

在俄国，人们只承认波波夫是无线电通信的创始人。在西方科学家的眼中，意大利人马可尼是无线电通信的发明人，他因此获得诺贝尔物理奖。我们可以这么认为，无线电的发明是众多科学家

❖ 无线电通讯奠定基人马可无

共同研究的成果，也是历史发展的产物。

1859 年，波波夫出生在俄国乌拉尔一个牧师的家庭里。他从小就对电工技术有一种特别的嗜好。12 岁那年他自己制作了一块电池，还用电铃把家里的钟改装成闹钟。18 岁时波波夫考进彼得堡大学物理系，不久转入森林学院学习。这里活跃的学术氛围使他打下了扎实的基础。由于家庭贫困，波波夫只好半工半读维持学习，但是他却以优异的成绩毕业。

1888 年，波波夫听到赫兹发现电磁波的消息后，他开始萌生要让电磁波飞跃全球的梦想。

1894 年，35 岁的波波夫成功发明了当时世界上最先进的无线电接收机。波波夫对无线电通信最主要的贡献在于他发现了天线的作用，他的接收机所使用的导线是世界上第一根天线。

1895 年 5 月 7 日，波波夫带着他发明的无线电接收机在彼得堡的俄罗斯物理学会上宣读论文并且进行演示，结果大获成功。1896 年 3 月 24 日，波波夫和助手

❖ 马可尼塑像

又进行了一次正式的无线电传递莫尔斯电码的表演。波波夫把接收机安放在物理学会会议大厅内，他的助手把发射机安装在森林学院内，两地距离 250 米左右。时间一到，助手沉着地把信号发射出去，波波夫这边的接收机清晰地收到信号，此时俄罗斯物理学会分会长把接收到的字母一个一个地写在黑板上。最后，黑板上出现了一行字母："海因里希·赫兹"。这是世界上的第一份无线电报，内容是纪念赫兹这位电磁波发现者。

让我们再来看看马可尼与无线电通信的故事吧！

马可尼不仅接受过大学教育，而且父母还聘请家庭教师指导他钻研物理学。马可尼刚满 20 岁时，他在电气杂志上读到了赫兹的实验和洛奇的报告，从小就喜欢摆弄线圈、电铃的他便一头钻进了电磁波的研究中。1895 年，马可尼在自己家的花园里成功地进行了室外电波传送实验。

1896 年，马可尼独自一人来到英国。一到伦敦，他就受到英国邮政总局总工程师普利斯爵士的赏识。普利斯爵士在听了马可尼的介绍并看了他的实验以后，幽默地说："人人都认识鸡蛋，而只有马可尼知道怎样把鸡蛋立起来！"在普利斯的安排下，马可尼在伦敦当众演示他的无线电装置。当他按下了莫尔斯操作手柄之后，约处在一公里外的另一装置发过来的电讯在众目睽睽之下清晰地在莫尔斯打印机上打印出来了！到场的人都受到了极大的鼓舞，认为马可尼的实验将给世界带来新面貌。

经过无数次实验后，1901 年 12 月，马可尼以坚忍不拔的毅力，实现了自英国至加拿大飞跃大西洋的无线电通讯，距离为 3379 公里。马可尼成为世界上第一个使无线电走出实验室的人，从此名声大振。1909 年，他因为发明无线电报获得了诺贝尔物理学奖。

马可尼、波波夫以及其他为无线电通信领域作出贡献的科学家虽然离开了人间，可是他们将发明的无线电通信留给了后人，并将继续造福人类的子子孙孙。

无线电通信技术的优点

由于无线电通信技术不受时间和空间的限制，可确保通信联络综合高效，语音、数据、图像的综合传输畅通无阻，所以在国内外交往中发挥了重要的作用。通信与网络的连接，更是使通信技术踏上了一个新的台阶。

无线电通信技术传输数字化、功能多样化、设备小型化、智能化及系统大容量化决定了其具备高度的机动性和可用性，尤其在军事构建地域通信网方面起到很大的作用。

无线电通信比起有线通信的一个突出优点是在抵抗水淹、台风、地震等方面有较大的可靠性，除非信号干扰，一般情况下，它都能保持通信的畅通，这也是无线架输的最大特点。

无线电通信技术虽然有以上优点，但其信号容易受到干扰、影响，还容易被截获，这些缺陷造成了该项技术的保密性较差。因此，无线电通信技术的通信方法的拓新成为科学家研究的新课题。

现实生活中的千里眼、顺风耳

Great Inventions

Great Inventions

收音机——千里传真音

由于科技进步，天空中有了很多不同频率的无线电波。如果把这许多电波全都接收下来，音频信号就会像处于闹市之中一样，许多声音混杂在一起，结果什么也听不清了。为了设法选择所需要的节目，在接收天线后，有一个选择性电路，它的作用是把所需的信号（电台）挑选出来，并把不要的信号"滤掉"，以免产生干扰，这就是发明收音机的真实目的。

在1864年，英国科学家麦克斯韦在总结前人研究电磁现象成果的基础上，建立了完整的电磁波理论。在此理论之上，他断定电磁波的存在，并推导出电磁波与光具有同样的传播速度。

1887年，德国物理学家赫兹用实验证实了电磁波的存在。之后，人们又进行了许多实验，不仅证明光是一种电磁波，而且还发现了更多形式的电磁波，它们的本质完全相同，只是在波长和频率上有很大的差别。

爱德华·布朗利，法国物理学家，在1890年制作了一个密封的用金属填充的玻璃管。玻璃管两端装有电极，这个玻璃管可以接收单独信号，称为粉末检波器。当存在电波时，管内的金属粉末就会凝聚，这样就足以导电，形

❖ 收音机

成一个回路。

英国物理学家奥利弗·洛奇，在1894年改善了布朗利的粉末检波器，并将改良的粉末检波器与一个电火花发送机连用，这样就可在150米内传送莫尔斯电码。一年后，俄国的物理学家亚历山大·波波夫也进行了类似的电码传送实验。

1894年，意大利物理学家古列尔莫·马可尼在并不知晓该领域发展状况的情况下，也进行了无线电实验。马可尼的重大发现是：无线电天体。他利用无线电天线将代码信息发送到了3000米以外。古列尔莫·马可尼的发明，使无线电报迅速发展，值得一提的是，在1896年马可尼移居英国后，无线电报技术的发展一日千里，到1901年，无线电报信号从刚开始的3000米发展到了可以跨越整个大西洋来传送。

不需要借助线路传送信号是无线电报较传统电报的主要优势，而普通的电话需要通过导线才可以传送声音信号。这样，人们就开始考虑：无线电波能不能传递人的声音信号呢？这一想法也就促进了无线电话的发展。加拿大裔美国电气工程师雷吉纳德·菲森登发明了调制技术，完成了该技术的早期研究工作。

❖ 古列尔莫·马可尼

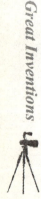

现实生活中的千里眼、顺风耳

Great Inventions

无线电报发射的长短脉冲信号代表莫尔斯电码中的不同符号。无线电话发射出的信号是连续的，这被称为"载波"，载波的振幅能够随着麦克风中声音信号的强弱变化进行同步调制，菲森登在1903年演示了振幅调制技术。1906年，雷吉纳德·菲森登在美国马萨诸塞州采用外差法振幅调制实现了历史上首次无线电广播。

无线电技术要继续发展就需要性能更优异的检波器。美国电气工程师皮卡德在 1906 年就设计制造了晶体检波器。晶体检波器主要是利用了金刚砂（碳化硅）、方铅矿石（硫化铅）或纯硅晶体，整流器接收到的无线电信号，能将交变信号转化为直流信号。晶体检波器需要用一段可调节的细导线把它连接到无线电电路上，后来这细线得到一个形象的昵称——猫须。

1904 年，英国工程师约翰·弗莱明发明了一个带两个电极的真空管——二极管的整流器，即检波器系统，这个检波器的性能比以前的更优异了。1906 年，美国工程师李·德·福雷斯特对二极管进行了升级改造，又添加了一个电极，这就是后来的三极管。真空管可以用来放大微弱的无线电信号。

随着新装置的涌现，无线电工程师就可以进一步优化发射机和接收机的电路设计。菲森登在 1912 年设计发明了允许更多选择调谐的外差电路。1918 年，美国工程师埃德温·阿姆斯特朗发明了超外差电路，可以使收音

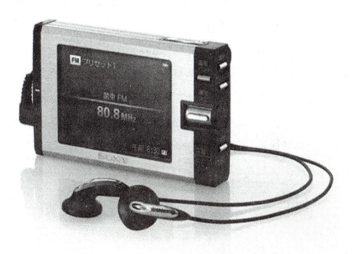

❖ Sony FM 收音机

机接收到更加微弱的信号，进一步提高了收音机的性能。1924 年，马可尼利用无线电短波从英国将讲演的声音信号传送到了遥远的澳大利亚。1933 年，掌握了调频技术是阿姆斯特朗最杰出的贡献。与调幅不同，调频是将载波的频率用广播发射的信号频率进行调制。调频的信号在传播过程中显得更加稳定，对大气中的电磁波干扰更加不敏感。这样，听众接收到的声音信号更加真实稳定，人们可以在千里之外听到人类传来的真实声音。

FM 收音机就是一种采用了 FM 调频载波方式传输无线电信号的收音机。由于这种收音机采用的波长较短，因此它比采用 AM 波长传输信号的收音机传播的信号要好得多。可是，正因为它使用的是短波，所以 FM 收音机传播距离比较短。现在，某些手机中也有 FM 调频收音机的功能。

Great Inventions

声纳——
大海中的回声带来的启示

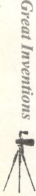

> 声纳对于非专业出身的普通人来说可能感觉十分陌生。声纳广泛应用于各个领域，是各国海军进行水下监视使用的主要技术，用于对水下目标进行探测、分类、定位和跟踪；进行水下通信和导航，保障舰艇、反潜飞机和反潜直升机的战术机动和水中武器的使用。此外，它还广泛用于鱼雷制导、鱼群探测、海洋石油勘探、船舶导航、水下作业、水文测量和海底地质地貌的勘测等。接下来，就让我们一起了解一下声纳吧。

说到声纳，你可能会想到它一定与声音相关，这点毫无疑问，因为声纳是利用水中声波对水下目标进行探测、定位和通信的电子设备，是水声学中应用最广泛、最重要的一种装置。

它的发明是科学家从大海的回声中得到的启示。最早对声音在水中传播进行研究的科学家可以追溯到达·芬奇。1826年，瑞典物理学家丹尼尔·克拉顿和法国数学家查尔斯·斯特姆在日内瓦湖上利用精密仪器进行实验，测量出声音在水中的传播速度为1435米／秒，约是在空气中传播速度的四倍。

1912年，英国工程师刘易斯·理查森在著名的商船"泰坦尼克号"沉没后，先后申请了利用水中和空气中的回声进行定位的技术专利，他是声纳的最早发明人。他发明的第一部声纳仪是一种被动式的聆听装置，主要用来侦测冰山。这种技术，到第一次世界大战时开始被应用到战场上，用来侦测潜藏在水底的潜水艇。这些声纳只能被动听音，属于被动声纳，或者叫做"水听器"。

1913年，德国工程师亚历山大·贝姆获得了利用水声进行地理勘测的专利。1914年，加拿大电子工程师奥布里·费森登利用压电效应制造出了世界上第一台实用的声纳。1919年，德国科学家在研究声纳时发现，声波在水中遇到水温和水压变化时会发生折射现象。1937年，南非工程师阿瑟斯坦·斯比尔霍斯根据这一原理发明了具有海水温度勘测功能的声纳。此后，科学家们开始利用这种声纳来绘制海洋温度变化的三维地图。但此时的声纳依然不完善，科学家们决心对声纳做进一步的改进。

有趣的是，声纳并非人类的专利，不少动物都有它们自己的"声纳"。蝙蝠就用喉头发射每秒10～20次的超声脉冲而用耳朵接收其回波，借助这种"主动声纳"它可以探查到很细小的昆虫及0.1mm粗细的金属丝障碍物。海豚和鲸等海洋哺乳动物则拥有"水下声纳"，它们能产生一种十分确定的讯号探寻食

❖ 拥有两架"声波发射机"的海豚

物和相互通讯。科学家们从海豚的身上得到了启迪。20世纪60年代，生物学家诺里斯发现，用橡皮蒙住海豚双眼，丝毫不影响它的活动；可把海豚前额蒙住，它在水下就像瞎子一样，到处乱撞。显然，海豚是用前额发出声波来行动的。

经过进一步研究，科学家发现海豚有两架"声波发射机"：当它"观察"远距离目标时，它就发射低声，以实现远距离传播；当它"观察"近距离目标时，它就改发超声，以提高分辨率。海豚的声纳竟是如此先进，如此完美！科学家"虚心"向海豚学习，以海豚的声纳为发明的奋斗目标。不久，美国科学家发明了军用高级声纳。它是一种多波束回声探测仪，采用两套相同的水听器发射阵。它的性能要比先前的声纳出色得多。

看来，在声纳技术不断完善的过程中海豚还提升了科学家们的境界，这也是仿生学的一个功劳啊！

Great Inventions

雷达——跟蝙蝠学来的本领

> 雷达是利用电磁波探测目标的电子设备。它发射电磁波对目标进行照射并接收其回波，由此获得目标至电磁波发射点的距离、距离变化率（径向速度）、方位、高度等信息。雷达的产生，是发明者从蝙蝠身上得到的灵感。

在小说《西游记》里，玉皇大帝如果对下界发生的事情有不清楚的地方，只要叫"千里眼"打探一下，立刻就可以对发生在千里之外的事情一目了然。在现实生活中，也有这样的"千里眼"，这就是雷达。雷达的外表有的像几块大瓦片，有的像一口大锅，有的像一个蜘蛛网，有的像几排鱼骨，可谓五花八门，但它们都有共同的功能：可以看到好几千里外的目标，是真正的千里眼。

"雷达"是个外来词，它是根据英文名词音译过来的，其原意是"无线电探测和测距"的意思。其主要作用就是用无线电来探测目标，基本原理是利用电磁波碰到物体时所产生的反射现象，来发现和确定所探测物体的方位。

说起雷达的发明过程，里面有着许多有趣的故事。

提起蝙蝠，我想大家首先想到的可能是热门电影《蝙蝠侠》。不过，现实中的蝙蝠虽然没有什么超能力，却也是一种相当神秘的动物。因为它们主要是夜晚出来觅食，黑暗似乎对他们没有丝毫影响，他们总能准

◆ 小型探测器

确地避开障碍物，轻松自如地抓到食物。难道是蝙蝠的眼睛敏锐吗？为了弄清这个问题，有人做了一个实验：在一间黑屋子里横七竖八的拉了很多绳子，每根绳子上绑了一些铃铛。只要稍微一碰绳子，铃铛就会响。把蝙蝠的双眼罩上后放进这个房间，蝙蝠能在完全黑暗的房间中任意飞行，没有一个铃铛响。但是堵塞蝙蝠的双耳后再放进房间，铃声却会顿时响成一片。而当把蝙蝠塞耳的东西取掉后，蝙蝠又

❖ 雷 达

能正常飞行了。这些实验证明了一个结果：蝙蝠用耳朵来"看"东西，而不使用眼睛。后来，科学家经过研究发现，蝙蝠用来辨别方向的武器是超声波。在飞行期间，蝙蝠在喉内产生超声波，通过鼻孔发出来，被食物或障碍物反射回来的超声波信号，由它们的耳朵接收，据此判定目标和距离。

　　雷达的发明，被认为是从蝙蝠身上学来的本领。因为电磁波也是一种波，也具有遇到障碍物就反射回来的特性，而且电磁波的传播速度为每秒 30 万公里，在空气中传播的距离也比超声波要远得多。如果采用无线电波来代替超声波，自然应该可以像蝙蝠一样发现障碍物的位置了！那么，雷达究竟是怎样产生的呢？这还要从电磁波的发现讲起。

　　雷达的发明无疑奠基于 19 世纪末 20 世纪初物理学上的一系列发现。1864 年，英国著名物理学家麦克斯韦预言了电磁波的存在，20 年后，德国物理学家赫兹通过实验发现了电磁波并证实了麦克斯韦的预言。1901 年，意大利物理学家马可尼发明了无线电。

　　在这些发现的基础上，便有了早期雷达的雏形。

　　最早提出"雷达"这个概念的，是俄国人特斯拉。1904 年，德国发明家克里斯蒂安·许尔斯迈尔在实验室进行了原始雷达的实验，并取得了雷达设计的专利。1922 年，"无线电之父"马可尼画出了一张应用雷达设计蓝图，还将其命名为"电磁波方位探测器"。1922 年 9 月，美国海军实验员泰勒和

扬格在华盛顿附近的波特马克河畔，进行了两岸无线电通信实验。这就是有关雷达的初步设想。

到底第一部真正意义上的雷达是谁发明的，现在尚无定论，因为在雷达从出现到实用的这个过程里，各国许多优秀的科学家都作出了自己的贡献。不过现在为大家所公认的是，最早研制出探测飞机的雷达并取得重大突破的是英国，而英国科学家罗伯特·沃森—瓦特在其中起了关键性的作用。

战争的迫切要求，是雷达发展的一个重要因素。在第一次世界大战中，军用飞机刚刚开始服务于战争。英国由于国土面积较小，在遭遇空袭时，往往来不及下达防空命令，来袭飞机的炸弹就已经落到了头上。于是英国人开始认真研究解决这一问题。英国人最初竟然是想从比普通人在听觉上略有所长的盲人身上找办法。为能提前知道敌机空袭的时间和方向，他们煞费苦心地找到了一些听觉特别灵敏的盲人，让他们在高楼上值班，负责监听是否有飞机袭来，并及时发出防空袭预报。

在第二次世界大战前夕，欧洲上空战云密布。当时的英国空军司令道丁爵士鉴于英国在第一次世界大战中接连遭受德国飞机和飞艇疯狂空袭损失惨重的教训，下令研制一种能够远距离侦察敌机的新型电子仪器。这个任务被交给了当时担任英国国家物理实验室无线电研究室主任的罗伯特·瓦特。1919 年，瓦特就提出并获得了一项原始雷达的专利。经过一系列的实验，1935 年 2 月 26 日，瓦特将他制成的装置装在载重汽车上进行实验。实验飞机从 15 公里以外向载重汽车所在的地点飞来。当飞机进入距离载重汽车 12 公里之内时，这台装置成功地接收到了回波信号。第一台雷达诞生了！

一开始，这台对空警戒雷达的样机能成功探测到 16 公里以外的飞机，经过不断调整与改进，到 1936 年初，探测距离已达到可以实用的 120 公里。以后的几年，又经过不断改进，雷达的有效探测范围越来越远。1938 年，英国在东海岸建起了对空警戒雷达网，天线有 100 米高，能探测到 160 公里以外的敌机。第二次世界大战爆发后，纳粹德国的飞机经常飞越大西洋对英国进行狂轰滥炸。但是，凭借雷达网，英国总能及时准确地测出敌机的架数、航向、速度和抵达英国领空的时间，牢牢把握着战争的主动权，有效地降低了德国的空袭效果。可以说，在这场不列颠空战中，这些雷达系统发挥了重要作用。由于瓦特发明了雷达，他后来被人们尊称为"雷达之父"。

现实生活中的千里眼、顺风耳

Great Inventions

Great Inventions

人造地球卫星——
那是一颗会唱歌的星星

1957 年 10 月 4 日，苏联成功发射世界上第一颗人造地球卫星。迄今为止，人造卫星是人类发射数量最多、用途最广、发展最快的航天器。人造地球卫星的诞生，是人类向外空间迈出的第一步，有着划时代的意义，必将为人类带来更多的福利。

人类自古就有"可上九天揽月"的梦想，比如我国古代就有嫦娥奔月、女娲补天的美好传说。人类发明人造地球卫星后，真正地实现了"飞天"梦。

人造地球卫星指环绕地球飞行并在空间轨道运行一圈以上的无人航天器，简称人造卫星。1957 年 10 月 4 日，苏联成功发射了世界上第一颗人造地球卫星，人类从此进入了利用航天器探索外层空间的新时代。那么，世界上第一颗人造地球卫星是怎样"横空出世"的呢？

❖ 中国第一颗人造地球卫星——"东方红"

第二次世界大战结束后，美国和苏联拉开了一场和平竞赛，尤其是在火箭和宇航技术上的相互较量，各自都想捷足先登。

1955 年 7 月 29 日，美国公开宣布：要在 1957 年的"国际地球物理年"发射人造卫星。

这时，苏联的火箭总设计师谢尔盖·科罗廖夫，正殚精竭虑致力于苏联的航天技术的发展。当他从收音机里听到美国这一消息时，心情焦灼不安，这个信息大大激发了他那强烈的使命感。

科罗廖夫彻夜未眠，他连夜赶写了一份关于加快研制苏联人造地球卫星的计划，然后将报告送给了当时的苏联领导人赫鲁晓夫。从此以后，苏联加快了在哈萨克大草原建设卫星发射基地的步伐。科罗廖夫受命于非常时刻，凭着渊博的火箭知识，他认为要把人造卫星送入绕地球运行的轨道，必须具有足够推力的运载火箭。但是，他们当时只有单级火箭，而单级火箭的推力显然太小了。

❖ 前苏联科学家科罗廖夫

怎么办？科罗廖夫苦苦思索着，后来在苏联航天先驱、"宇航之父"齐奥尔科夫斯基的帮助下，科罗廖夫通过完善齐奥尔科夫斯基"火箭列车"的设想，组成了多级火箭或捆绑式火箭。

眨眼间，两年过去了，1957 年 10 月 4 日夜晚，人造卫星发射的时刻终于到来了。四周一片寂静，唯有导火线"哧哧"燃烧的声音，人们紧张得连大气也不敢喘。

5 秒、4 秒、3 秒、2 秒、1 秒！

"轰"的一声巨响，在耀如白昼的火光中火箭冲天而起。

发射成功了！火箭载着世界上第一颗人造地球卫星"斯普特尼克 1 号"，把这颗重 83.6 公斤、带有两个无线电发射机的铝合金小球送入了地球轨道。从此，人类进入了神秘的太空之旅。

苏联人造地球卫星升空，极大地刺激了美国。1958 年 1 月，美国的"探险者 1 号"也被送上太空。之后，它又将两颗人造卫星分别于该年的 3 月 17 日和第二年的 2 月 17 日送入轨道。此后，其他国家，如法、日、中、英也纷纷发射了自己研制的卫星。

新中国建立后，党和政府大力发展空间技术，1970 年 4 月 24 日，我国自

现实生活中的千里眼、顺风耳

Great Inventions

行设计、制造的第一颗人造地球卫星"东方红一号"，由"长征一号"运载火箭一次发射成功。这颗卫星重173公斤，能在太空播送《东方红》乐曲。所以20世纪七八十年代的中国孩子常常会生动形象地说"人造地球卫星是会唱歌的星星"。

此后，中国的航天事业蒸蒸日上，中国陆续发射了用于科学考察、气象观测、通讯广播等的多颗卫星，并逐步掌握了卫星回收技术。我国已经有各种用途的人造地球卫星一百多颗。2001年1月10日，我国自行研究设计的"神舟1号"成功发射；2002年3月25日，"神舟3号"发射成功；"神舟5号"载人飞船于2003年10月15日在酒泉卫星发射中心发射升空。中国首位宇航员杨利伟搭乘该飞船在绕地球104周，飞行21小时后安全返回地面，中华儿女终于圆了自己的飞天梦。中国成为世界上第三个掌握载人宇宙飞船技术的国家。

"嫦娥二号"探月

"嫦娥二号"卫星简称"嫦娥二号"，也称为"二号星"，是"嫦娥一号"卫星的姐妹星。"嫦娥二号"于2010年10月1日18时59分57秒在西昌卫星发射中心发射升空，并获得了圆满成功。

"嫦娥二号"的主要任务是获得更清晰、更详细的月球表面影像数据和月球极区表面数据，因此卫星上搭载的CCD照相机的分辨率更高，其他探测设备也将有所改进，为"嫦娥三号"实现月球软着陆进行部分关键技术实验，并对"嫦娥三号"着陆区进行高精度成像。

根据中国探月工程"三步走"的战略，在发射完"嫦娥二号"卫星以后，就要发射一个月球着陆器和月面车，对月球表面进行探测。月球着陆器可以对月球表面进行月壤分析，月球车可以在距离着陆器5公里直径的范围内进行巡视探测。主要突破月面软着陆技术、月面巡视技术，同时还有月面巡视的无人自主导航技术。根据中国探月工程"三步走"的规划，中国将在2012年左右实现月球软着陆探测自动巡视勘查。

Great Inventions

手机——
电信联通我们的移动生活

> 手机就是手提式电话机的简称，或称移动电话，是一种可以在较大范围内移动的电话终端。3G 手机是手机发展到新的阶段与时俱进的产物，它的出现大大便利了人们的生活。

谈 到手机，我们大家并不陌生，因为它与我们的社会生活息息相关。但是提起手机的发展历程，我们大家又了解多少呢？

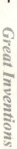

现实生活中的千里眼、顺风耳

Great Inventions

❖ 手机之父马丁·库珀

手机这个概念，早在 20 世纪 40 年代就出现了。1973 年 4 月的一天，一名男子站在纽约街头，掏出一个约有两块砖头大的无线电话并拨通了号码与对方开始通话，这一举动引来了路人的关注。这个人就是手机的发明者马丁·库珀。

库珀是摩托罗拉公司的工程技术人员。他把世界上第一通移动电话打给他在亚历山大贝尔实验室工作的一位对手（对方当时也在研制移动电话，但尚未成功）。

手机——这个当年科技人员之间的竞争产物现在已经遍地开花，给我们

的现代生活带来了极大的便利。经过 20 多年的发展，手机已经从最初的第一代手机，发展到今天的第三代，即"3G 手机"。接下来我们将重点介绍 3G 手机。

3G 就是第三代数字通信。第三代与前两代的主要区别在于传输声音和数据的速度上的提升。以前的手机以语音、短信为主，而 3G 手机的特点是以视频为主。它能够处理图像、音乐、视频流等多种媒体形式，提供包括网页浏览、电话会议、电子商务在内的多种信息服务。那么，在 3G 时代，我们究竟能享受怎样的服务呢？

❖ 手机

第一是游戏。3G 时代游戏的形式将更加丰富，不仅有从网络中下载到手机上玩的游戏，还将支持大规模多用户的在线游戏。

其次是视频业务。3G 时代，从网上下载电影的时间会大大缩短，有 3G 网络的数据率作保证，再加上 3G 手机一般都具有超

❖ 手机

大屏幕和高画质的显示效果，可以让你轻松享受生活中的空闲时刻。

最后，网络能够监测手机，可以准确定位手机的位置，所以就能够利用此特点在手机上显示用户所处的位置，还可以根据用户的要求为用户查找最近的电影院、饭店或是车站。这就是第三代手机衍生出的一系列相关的服务，在这一系列服务中手机充当了"导游"的角色。

当然，除了以上的几种业务，3G 时代人们还可以获得用手机和电脑互联传输信息，以及用手机召开商务会议等服务，所以在 3G 时代，手机不再只是传统观念上的移动电话的概念。

概念手机

概念手机一种是非正式流行的手机，就是比较概念化，比如腕表一样的手机，就是把表的概念覆盖在手机上，而魔方手机，或是金字塔手机，就是把金字塔和魔方的概念赋予给手机，还有投影短信等等，其实用功能不大，只是概念化了而已。

概念手机同概念汽车一样，是具有雄厚资金和超前设计理念的公司，为了体现现阶段公司实力，以及演示公司对未来市场发展方向而特意设计出来的产品。通常目的不在于近期内投放市场并获得利润，更主要的目的是吸引消费者注意，塑造公司强大的技术实力与优秀设计能力的形象。

❖ 诺基亚木质环保概念手机

Great Inventions

网络电话——
最廉价的通讯方式

近年来，因特网得到了飞速发展与普及应用，而作为其核心技术的 IP 协议体系在数据网络架构中的统治地位已得到了广泛认同。与此同时，网络电话便诞生了。它作为国际互联网的新科技，使人们通过网络拨打电话成为现实。现在它正以突飞猛进的速度向前发展，具有不可估量的市场潜力。

网络电话，也就是我们通常所说的 IP 电话。IP 是 Internet Protocol 的简写，是因特网协议电话，即是人们常说的网络电话，它是一种取代传统电话线而用网络进行通话的新型通话方式。由于 IP 电话是通过互联网来拨通对方的电话号码，其资费要比传统电话便宜五至十倍，所以它是一种廉价、快捷的通讯方式。

网络电话的诞生，要归功于几个年轻人，他们对于网络电话的产生起了举足轻重的作用。随着电脑技术的发展，PC 电脑在 20 世纪 90 年代已经逐渐普及。新的电脑硬件层出不穷，多媒体软件、硬件纷纷出炉，PC 电脑进入了多媒体应用的时

❖ 网络电话

代。当时因特网正在全世界流行，美国新泽西州几个年轻的以色列网络迷，

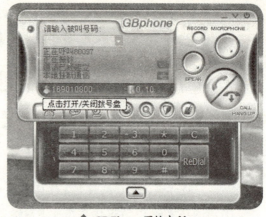

经常在网络上编辑一些游戏，以互相嬉戏为乐，或是到网上聊天室里胡侃神聊一番。电脑声卡出现后，这几个年轻人突发奇想，想通过声卡来打电话。于是，他们编辑了一个用来打电话的通信软件，在 PC 机上配置了声卡、话筒机和调制解调器等硬件设备，在网上打起电话来。网络电话这个新生儿从此就来到了人

❖ **GB Phone 网络电话**

间。网络电话在新兴起的时候，存在着很多的不足之处，它要求通话双方必须同时上网，且必须同时具备如声卡、音箱、话筒等通话的一些硬件。虽然缺点不少，但这个通信家族的新生儿在诞生之后因其通话费用低廉，立即风靡了美国各大高校。

IP 电话是高科技的产物，是现代计算机技术与通信技术的完美结合。IP电话要采用专门的软件与设备，要利用数字信号处理技术和语言压缩编码技术将语言信号经数字化处理、压缩并分段打包，通过网络传递给对方，对方PC 机上的专门设备或软件接收到语音包后，解压缩还原成模拟信号输送给电话听筒。使用 IP 电话，只占用了较低的通讯宽带，无须专门的线路，这就大大降低了成本，提高了线路的利用率，因此 IP 电话比普通电话便宜得多。

通话费用低自然是 IP 电话的优点。而音质差则是 IP 电话的缺点了。

IP 电话音质差，这当然也和网络有着密切的关系。我们知道，因特网是一个非常庞大的数据网，它就像一条宽阔的信息公路，上面行驶着各种形式的信息，不管是文字、图像、话音还是数据都以数字形式流动在这条公路上。然而因特网里信息数字的流速是一定的，当上网人数增多时，流速就会慢下来。这时，IP 电话就会产生话音断断续续、音质欠佳的麻烦事。

纵使通话质量不高，但是 IP 电话低廉的话费，还是吸引了众多打长途电话的用户，尤其是那些常驻国外的商业公司。IP 电话低廉的通话费用使它成了电话通信史上继程控电话之后的又一个里程碑。

如今，人们拨打 IP 电话已经是一件轻而易举的事情了。

Great Inventions

全球卫星定位系统——
导航技术的伟大革命

> 　　全球卫星定位系统 (简称 GPS) 是一种结合卫星及通讯发展的技术，它利用导航卫星进行测时和测距。全球卫星定位系统是美国从 20 世纪 70 年代开始研制，于 1994 年全面建成的，历时 20 余年，耗资 200 亿美元。它是具有海陆空全方位实时三维导航与定位能力的新一代卫星导航与定位系统。GPS 全球定位的成功研制和使用把导航定位技术一下推进到了电子信息导航的新时代。

战国时期我国发明的指南针被广泛应用于航海中以辨别方向。不久之后，指南针传到国外，受到了国外的欢迎。一千多年过去了，现代科技越来越发达，全球卫星定位系统，即 GPS 系统被人们赞誉为"电子指南针"。

GPS 全球定位系统由美国国防部于 20 世纪 70 年代初开始设计、研制，是专门为配合飞机、导弹、船只和士兵运动的军用定位和导航系统，于 1993 年全部建成，是目前世界上最先进的卫星导航系统。

1994 年 3 月，美国经过 20 余年的研究实验，耗资 200 亿，终于完成了全球覆盖率高达 98% 的 GPS 卫星星座的布设。同年美国还宣布在十年内向全世界免费提供 GPS 使用权，但美国只向外国提供低精度的卫

❖ 欧洲"伽利略"卫星

星信号。据说该系统有美国设置的"后门"，一旦发生战争，美国可以关闭对某地区的信息服务。目前，美国仍在向各国提供免费的 GPS 民用信号，但精度较低。

GPS 系统主要由三大部分组成，它们是导航卫星、地面监控站和 GPS 用户接收机。

❖ 第四颗北斗导航卫星

导航卫星由 24 颗卫星组成一个卫星星座，均匀地分布在围绕地球的 6 个轨道平面上，与地球同步运行，其中 21 颗是工作卫星，3 颗为备份卫星。在地球上任意一个地方至少能同时观测到 4 颗卫星。

地面监控站承担对卫星发射和导航信号的观测任务，由设在科罗拉多斯平士的联合空间执行中心的主控站和三个分设在大西洋、印度洋和太平洋美军基地的注入站、监测站组成，并将计算机中各颗卫星的星历和导航电文发射到卫星上，对卫星上的导航数据进行更新。

GPS 用户接收机则由天线、接收器、数据处理器和显示屏组成，外形就像一台重量仅有 800 克的小型计算器。它是一台多信道单向接收设备，能够 24 小时不间断地提供全球定位服务。同时，它的性能非常好，既能抗振动、抗湿气、抗沙暴，又能抗电磁干扰。经过改良，目前 GPS 军用定位精确度已经达到一米。

目前正在运行的全球卫星定位系统有美国的 GPS 系统和俄罗斯的 GLONASS 系统。美国 GPS 由于在建立之初是应用于军事，因此对民用领域有许多限制。例如目前 GPS 的精度虽然可以达到十米以内，但美国考虑到本国的利益，对国际上开放的民用精度只有 30 米，而且可以在任何时间以任何借口中断服务。

欧盟 1999 年初正式推出"伽利略"计划，是由欧盟委员会 (EC) 和欧洲空间局 (ESA) 共同发起并组织实施的欧洲民用卫星导航计划，旨在建立欧洲自主、

现实生活中的千里眼、顺风耳

Great Inventions

独立的民用全球卫星导航定位系统，总投资约35亿欧元，在2008年部署完成。中国以第一个非欧盟成员国的身份参加了伽利略卫星导航计划，并向该计划投入两亿欧元，目前，除中国外，以色列、印度等国家都已经参与伽利略计划。伽利略全球卫星定位导航系统与美国的GPS相比，有哪些优越性？打一个非常形象的比喻：如果说美国的GPS只能找到街道，那么"伽利略"可找到车库门。伽利略计划的实施，结束了美国GPS在世界上的垄断局面。

另外，中国还独立研制了一个区域性的卫星定位系统——北斗导航系统。该系统的覆盖范围仅限于中国及周边地区，不能在全球范围提供服务，主要用于军事用途。2003年我国北斗一号建成并开通运行，与GPS不同，"北斗"的指挥机和终端之间可以双向交流。2008年5月12日四川大地震发生后，北京武警指挥中心和四川武警部队运用"北斗"进行了上百次交流。北斗二号系列卫星2009年起进入组网高峰期，预计在2015年形成由三十几颗卫星组成的覆盖全球的系统。

随着科学技术的不断发展，全球定位系统不仅已经成功地应用于大地测量、工程测量、航空摄影、运载工具导航和管制、地壳运动测量、工程变形测量、资源勘察、地球动力学等多种学科，而且还成功地运用到了人们的日常生活中。例如，GPS被活跃地应用在地面车辆的定位监控上，GPS系统还能对农作物的精耕细作起到极大的推动作用。它就像一个电子指南针一样，指引着人们的生活和工作，它是导航技术的伟大革命。

GPRS 与 GPS

GPRS是移动通信的一种通信方式，GPS是全球卫星定位系统的简称，它们是完全不同的两种形式。

GPS系统是一个高精度、全天候和全球性的无线电导航、定位和定时的多功能系统。GPS技术已经发展成为多领域、多模式、多用途、多机型的国际性高新技术产业。

GPRS是通用分组无线业务的英文简称，是在现有GSM系统上发展出来的一种新的承载业务，目的是为GSM用户提供分组形式的数据业务。

Great Inventions

指南针——
茫茫大海的航向标

指南针是利用磁铁在地球磁场中的南北指极性而制成的一种指向仪器。指南针和造纸术、印刷术、火药并称为我国古代科学技术的四大发明。指南针的发明，不仅有力地促进了我国航海事业的发展，更是中华民族对世界文明的一项伟大贡献。

拓展视野，加速人类文明进程 *Great Inventions*

我国是世界上最早发现磁铁指极性的国家。早在战国时期，就利用磁铁的指极性发明了指南仪器——司南。《韩非子·有度篇》里有"先王立司南以端朝夕"的话，"端朝夕"就是正四方的意思。司南是用天然磁石琢磨成的，样子像勺，圆底，置于平滑的刻有 24 个方位的"地盘"上，其勺柄能指南。不过，天然磁石在琢制成司南的过程中，容易因打击、受热而失磁，故司南磁性较弱，加之它与地盘接触转动摩擦的阻力比较大，难以达到预期的指南效果，所以未能得到广泛使用。但司南毕竟是最早的磁性指南仪器，被视为指南针的祖先。

❖ 司南

在发明指南针之前，人类在茫茫人海中航行常常会迷失方向，造成不可想象的后果。经过长期实践和反复实验，北宋时人们发现了人工磁化的方法，并以此制成指南鱼和指南针。指南鱼是用薄铁片裁成鱼形，然后用地磁场磁化法，使它带有磁性。指南鱼浮在水面时，鱼头指向南方。但指南鱼磁性较弱，实用价值不大。指南针的制作则是用天然磁石摩擦钢针，使钢针磁化，产生指向的性能。

和司南、指南鱼相比，指南针简便而又实用，以后的各种磁性指向仪器，都是以这种磁针为主体，只是磁针的形状和装置方法不同而已。北宋的《梦溪笔谈》讲述了几种磁针装置法的实验：把磁针横贯灯芯浮在水上，架在碗沿或者指甲上，用缕丝悬挂起来等。从该书的记载来看，使用指南针指向还没有固定的方位盘。但不久之后，便发展成磁针和

❖ 指南针

方位盘联成一体的罗经盘，或称罗盘。其方位盘为圆形，也有 24 个方位。罗经盘的出现是指南针发展史上的一大进步，人们只要一看磁针在方位盘上的位置，就能定出方位来。有关罗经盘的记载，在南宋的《因话录》中已经出现。不过，此时的罗盘，还是一种水罗盘，磁针是横贯着灯芯浮在水面上的。明代嘉靖年间，又出现了旱罗盘。旱罗盘的磁针是用钉子支在磁针的重心处，支点的摩擦阻力很小，磁针可以自由转动。旱罗盘比水罗盘的性能优越，更适用于航海，因为它的磁针有固定的支点，不致在水面上游荡。可见，指南针的发明为航海事业提供了极大的便利条件。

指南针大约在 12 世纪末传到阿拉伯，然后又由阿拉伯传入欧洲。指南针对西方最大的影响莫过于西方开始海外大探险。结合当时西方国家有计划的海外探险，以及天文、地理、造船、航海技术的配合，再加上指南针的使用，新航线、新大陆逐一被发现，让欧洲人在短时间内看到了更多不同的事物与民族。

Great Inventions

水车——
转此孔明车，救汝旱岁苦

水车又被称做"孔明车"，是我国最古老的农业灌溉工具之一，是先人们在改造世界的过程中创造出来的高超劳动技艺，是珍贵的历史文化遗产。据说为汉灵帝时华岚造出雏形，经三国时诸葛孔明改造完善后在蜀国大为推广使用，隋唐时广泛用于农业灌溉，至今已有1700余年的历史。

让我们来了解一下水车的渊源吧。

在古代，水车最初是被作为一种古老的提水灌溉工具使用的。水车也叫天车，安装有一组涡轮叶或明轮翼的圆轮，当水流过这些涡轮叶和明轮翼时，水车就会转动河水冲过来，车轮就会借着水势缓缓转动着十多吨重的水车，一个个水斗装满了河水被逐级提升上去。临顶，水斗又自然倾斜，将水注入渡槽，灌溉到农田里。

在我国的文明发展史上，水车的发展一共经历了三个阶段。

据记载，大约是东汉时产生了水车。东汉末年灵帝时，毕岚

❖ 水车

奉命造"翻车"，当时已有轮轴槽板等基本装置。但是又有一说是三国时魏人马均才是翻车的制造者。总之，不论翻车究竟首创于何人之手，东汉到三国，

可以视为中国水车成立的第一阶段。

到了唐宋时代，人们能够利用轮轴，把水力转化为动力，制造出了"筒车"，这样配合水池和连筒可以使低水高送，不仅功效更大，同时也节约了宝贵的人力。

到了元明时代，轮轴有了更进一步的发展。一架水车不再只有一组齿轮，有的多至三组，而且有"水转翻车"、"牛转翻车"或"驴转翻车"，可以依地势交互为用。这项发展使翻车的利用更有效益，人力也得到了解放。"高转筒车"的出现使地势较陡峻而无法别开水塘的地方，也能低水高送，得到开发。

❖ 中国古代水车

由以上可知，水车在中国农业发展中有着极大的贡献。它使农作物所受的地形制约大为减轻，实现丘陵地和山坡地的开发，不仅可以用于旱时汲水，低处积水时也可用之以排水。

按照安装方式的不同，水车可以分为两种形式，即竖直安装和垂直安装。

竖直安装的水车是水平水车，水平水车是最简单的水车形式，水平水车转杆可以直接连接到一块磨石上，这样就形成了我们俗语中的"磨坊"。在过去，一些水平水轮通常被安装在河上拱桥的桥洞里，甚至是河中心停泊的驳船上。

垂直安装的水车是垂直水车，这样垂直安装的水车，驱动是一根水平转杆。垂直型水车需要齿轮转动装置通过水平转杆转动磨石（因为重量的原因，磨石几乎都是水平安装的）。早期的工程师将小木片插在木质圆盘上做成简易的齿轮。下水流水车以基本恒定的水流作为推动力。后来，工程师在主河道上筑起大坝，其目的就是为了保证恒定的水流。修建蓄水池以保证稳定的流速，这也被称做"磨坊用水流"。

在下水流水车中，下部涡轮叶浸没在溪流中，水流冲击涡轮叶使水轮转动，转动方向与水流方向一致。一个叫马科斯·维持曾威·伯利奥的罗马建筑师在公元前 20 年仔细描述了这种水车的结构。在上水流水车中，水流沿水渠或者水槽流出，到达水轮的顶部。涡轮叶有一定的角度或扭曲，形成小的凹

❖ 丽江古城水车

拓展视野，加速人类文明进程

Great Inventions

槽，落入凹槽中的水的重力驱动水轮向与水流相反的方向转动。当然，也可以将涡轮叶反方向地扭转，这样水轮转动方向就与水流方向一致了。上水流水车的工作效率以及驱动动力较之下水流水车要高很多，三马力的力可以被一个直径为两米的上水流水车所驱动，而相同尺寸的下水轮水车只有约 0.5 马力。

上水流水车与下水流水车有什么区别呢？上水流水车所需的水量没有下水流水车那么多，也没有必要安装在激流附近以获得足够的动力。虽然上水流水车的建造成本很高，但成本与其所带来的利润相比仍是小的。因此在此后一千多年中，人们一直乐于使用上水流水车。到了 11 世纪末期，仅仅在英国就有近六千座这样的水车磨坊。水车除了为磨面作坊提供动力，还可以驱动锯子切割建筑石料，将原木劈成木板，将水抽起

❖ 水车

用于灌溉。在公元 725 年的时候中国人甚至利用水力驱动机械水钟。

Great Inventions

显微镜——
打开微观世界的大门

> 显微镜是人类最伟大的发明之一。显微镜的出现，使一个全新的世界展现在人类的视野里，人们第一次看到了数以百计的"新的"微小动物和植物，以及从人体到植物纤维等各种东西的内部构造。此外，显微镜还有助于科学家发现新物种，有助于医生治疗疾病等。

16世纪 90 年代左右，眼镜制造商人詹森发明了显微镜。虽然是他第一个发明的，但他并没有发现显微镜的真正价值。因此，这项发明并未引起人们的重视，况且当时的显微镜比较简单，就是用一个凹镜和一个凸镜做成的。显微镜真正用于科学实验研究是在时隔 90 年后，荷兰人列文虎克研究成功之后。

1632 年，列文虎克出生于荷兰的德尔夫特市。他从未接受过正规的学校教育，但对新奇事物充满了浓厚的兴趣。有一次，列文虎克听说阿姆斯特丹的眼镜店可以磨制放大镜，而且用放大镜可以看见肉眼看不清的东西。他对这个神奇的放大镜充满了好奇。但是，列文虎克由于自己的经济能力有限，买不起放大镜，所以，他就到眼镜店里认真观察别人怎样磨制镜片，进而学

❖ 荷兰显微镜学家列文虎克

习磨制镜片的技术。

列文虎克到 1665 年终于研制出了一块直径只有 0.3 厘米的小透镜。他把小透镜镶在自己做的一副镜架上，又在透镜下装了一块铜板，并在上面钻了一个小孔，使光线可以从这里射进而反射出所观察的东西。这样，列文虎克的第一台显微镜便制造出来了。他磨制出的高倍镜片使显微镜的倍数加以放大，甚至超过了当时世界上的任何一台显微镜。

列文虎克面对这些成绩，并未停止前进的脚步，而是继续努力改进显微镜，提高其性能，以便更好地去观察和了解微观世界。为了能够专心致志地研究显微境，列文虎克不惜辞掉了工作，经过几年的努力，终于制成了能把物体放大到 300 倍的显微镜。

1675 年某一天，天空下起了雨，这时的列文虎克不经意间舀了一些雨水，放在显微镜下观察。让他感到震惊的是，在水滴中竟然蠕动着许多奇形怪状的生物，并且数量很多。后来，列文虎克又用显微镜发现了当时人们未知的红血球和酵母菌。这样，他成了世界上第一个微生物的发现者，并且加入到英国皇家协会，成为了其会员。

拓展视野，加速人类文明进程

Great Inventions

体视显微镜

体视显微镜是一种可以从不同角度观察物体，使人产生立体感觉的双目显微镜，是一种具有正像立体感的目视仪器。它的倍率变化是由改变中间镜组之间的距离而获得的，因此又称为"连续变倍体视显微镜"。这种显微镜的主要特点有：双目镜筒中的左右两光束不是平行的，而是具有一定的夹角；所成的像是直立的，便于操作和解剖；焦深大，便于观察被检物体的全层；视场直径大。另外，体视显微镜性能可靠，操作简单，使用方便，且外形美观，被广泛地应用于生物学、医学、农林、工业及海洋生物各部门。例如，体视显微镜可以用做纺织工业中原料及棉毛织物的检验、电子工业和精密机械工业零件装配检验以及农业上的种子检查等。

Great Inventions

望远镜——
三个孩子玩出来的奇迹

> 望远镜发明后，仅仅半个世纪的时间，就彻底改变了我们对地球位置的认识。伽利略用他的望远镜扫视天空的同时，德国天文学家开普勒完成了他的数学推导，得出了行星运动三大定律。在日常生活、工程领域、天文探索等方面，望远镜均得到了广泛应用。

提到望远镜，相信大家都很熟悉。望远镜是许多孩子都喜欢的一种玩具，放一副望远镜在眼前，世界会在突然之间变得不再遥远了。可是，大家知道是谁发明的望远镜吗？

关于望远镜的发明，我们就要追溯到 17 世纪初的荷兰了。那时候，眼镜和凸（凹）透镜对人们已不再是什么稀罕物了，大街小巷里到处都是眼镜店。在小镇米德尔堡的集市上就有一家眼镜店，它的主人叫李普希，店里生意并不是很红火。

1608 年的一天，李普希的三个孩子拿着几块废旧的镜片，翻过来调过去这儿照照，那儿瞧瞧，有时还把几块镜片叠在一起透过去向远处看。就在这时，小儿子突然向正在店里打理生意的父亲大喊："爸爸，快来看呀！"

❖ 博冠 BOSMA 双筒望远镜

李普希听到孩子的叫声，以为他们被镜片划破了手指，赶紧跑了出来。可是当他看到孩子们还在那里比画的时候，便觉得有些不对劲。等走到跟前，小儿子一手拿一块镜片，得意地让爸爸拿着两片玻璃看远处的教堂。透过镜片，教堂顶上的风向标，仿佛就在眼前，李普希感到非常惊讶。不久，这一消息迅速传遍了整个小城。很快，整个小城几乎每个人都手拿一副镜片在家左看看，右瞧瞧。

李普希因长期经商，头脑极为灵活。他找来一根长约 15 厘米、直径约为 3 厘米的金属管，又做了两块口径相当的凸透镜和凹透镜，把它们一前一后固定在金属管两端。一副简陋的望远镜就制出来了。李普希觉得这一定是一件当时世界上没有出现过的玩具。所以，他还特地申请了专利保护。

❖ 单筒望远镜

让李普希没有想到的是，他申请的专利竟然引起了当时荷兰政府的高度注意。当权的政治家们野心勃勃，想谋求海上霸主地位。他们没有把这项发明当成一件简单的玩具对待，批准给李普希专利权的同时，还强制命令他为海军制作一批更加有实用价值的双筒望远镜。李普希收到这笔大的政治订单后，高兴地赶制出一批折射式望远镜。这批望远镜很快投入到应用领域。

尽管荷兰对望远镜的制作工艺严格保密，但因其原理简单，且用途广大，很快被意大利的天文学家伽利略模仿。伽利略制造的望远镜的倍数是当时的三倍，后经改进，倍数变成原来的 30 倍。这位天文学家利用自己制造的望远镜观察到了月球的表面和木星，这一发现又把天文观测领域向前推进了一大步。60 年后，英国伟大的科学家牛顿又制成了世界上第一架反射式望远镜。从此以后，望远镜不断发展。

望远镜的发明，极大地开阔了人们的视野。

拓展视野，加速人类文明进程

Great Inventions

Great Inventions

蒸汽机——
壶盖跳动的启示

> 蒸汽机是将蒸汽的能量转换为机械功的往复式动力机械。蒸汽机的出现引起了 18 世纪的工业革命，是一项改变了工业发展进程的技术创新，推动世界工业进入了"蒸汽时代"。直到 20 世纪初，它仍然是世界上最重要的原动机，但是随着汽轮机和内燃机的发展，蒸汽机因存在不可克服的弱点而逐渐衰落。蒸汽机车还加快了 19 世纪的运输速度：蒸汽机→蒸汽轮机→发电机，蒸汽为第二次工业革命即电力的发展铺平了道路。

人类对蒸汽的认识和利用，经历了一个漫长的历史过程。早在公元前 2 世纪，古希腊人就制造过一种利用蒸汽喷射的反作用的发动机。

1690 年，法国人巴比首先发明了第一台活塞式蒸汽机，但他未能制成实用的蒸汽机。

1698 年，英国的一位技师塞莱斯发明了实用的无活塞式蒸汽机。这种机器在矿井中得到应用，被称为"矿山之友"，但受当时材料和技术的限制，无法得到推广。

1712 年，英国的一位毫无名气的铁器商纽科门发明了第一台实用的蒸汽机，可以用活塞把水和冷凝蒸汽隔开。事实上，瓦特发明蒸汽机是从改进纽可门蒸汽机开始的。

❖ 詹姆士·瓦特

125

❖ 瓦特改良蒸汽机

纽可门蒸汽机在生产领域的广泛使用引起了人们的广泛关注，这其中当然也包括詹姆士·瓦特。机会只赋予有准备的人，而瓦特就是这样一个有准备的人。

詹姆士·瓦特于1736年出生于英国苏格兰西部的机械师家庭，瓦特的父亲是个造船技术工人。瓦特从幼年起就随父亲学习各种手艺。他心灵手巧，从小接触和了解了不少技术方面的知识，并养成了一种独立思考和探索奥秘的习惯。

在瓦特的故乡，家家户户都是生火烧水做饭。对这种司空见惯的事，有谁留过心呢？瓦特就留了心。有一天他在厨房里看祖母做饭，灶上坐着一壶开水，开水在沸腾，壶盖啪啪作响，不停地往上跳动。瓦特观察了好半天，感到很奇怪，猜不透这是什么缘故，就问祖母说："什么玩意儿使壶盖跳动呢？"祖母回答说："水开了，就这样。"瓦特没有满足，心想：为什么水开了壶盖就跳动？是什么东西推动它呢？接下来几天，每当做饭时，他就蹲在火炉旁边细心地观察。水要开的时候，发出哗哗的响声，壶里的水蒸汽冒出来，推动壶盖跳动了。蒸汽不住地往上冒，壶盖也不停地跳动着，瓦特把壶盖揭开盖上，盖上又揭开，反复验证。他还把杯子、

❖ 瓦特改良的蒸汽机模型

调羹遮在水蒸汽喷出的地方。瓦特终于弄清楚了：是水蒸汽推动壶盖跳动。这水蒸汽的力量还真不小呢！

"水蒸汽"推动壶盖跳动的物理现象，正是瓦特发明蒸汽机的认识源泉，从此瓦特开始了漫长的蒸汽机的发明和改进工作。

1764年的一天，瓦特在修理格拉斯哥大学的一台纽可门蒸汽机模型时，对机械的构造和工作原理产生了极大的兴趣。瓦特发现该蒸汽机的汽缸和冷凝器没有分开，造成了热能的极大浪费，找到了症结之后，瓦特便开始了改造纽可门蒸汽机的实验。

经过多次实验，1769年，瓦特最终完成了一台具有实用价值的单作用式蒸汽机，并申请了专利保护。这台蒸汽机与纽可门蒸汽机当众比赛抽水。结果用同样多的煤，瓦特蒸汽机抽水量是纽可门蒸汽机的五倍。人们看到了瓦特蒸汽机的优势，纷纷以它替代了纽可门蒸汽机。

❖ 纽可门蒸汽机

1781年10月，瓦特获得了双作用式蒸汽机的专利权。

1784年，瓦特用飞轮解决了转动的稳定性问题，获得了蒸汽机方面的第三个专利，两年以后他又着手进行了蒸汽机配气结构的改造，从而获得第四个专利。

后来，瓦特又发明了压力表保证了机器运行的安全，并于1782年完成了新的蒸汽机的试制工作。机器上有了联动装置，把单式改为旋转运动，完善的蒸汽机终于诞生了。

蒸汽机的发明，使工业革命迅速展开，并波及美、德、法等国，瓦特为人类的进步事业作出了不可磨灭的贡献，对当时社会生产力的发展起到了巨大的推动作用。后人为了纪念他，在国际单位制中以"瓦特"作为功率单位，常用符号"W"表示。他的英名将永远铭刻在人类发展史上。

Great Inventions

遥控器——
一切尽在掌控之中

人们或许都有这样的经历：假期，窝在家中的沙发上，左手拿着零食，右手用遥控器转换着频道；天冷了，用遥控器调节一下室内的温度；夜幕降临，用遥控降下客厅落地窗的窗帘。遥控器已成为我们生活中不可缺少的一部分，遥控在手，一切尽在掌控之中。今天，就让我们一起了解一下遥控器发明的详细情况吧。

谈及遥控器就不得不提到遥控。遥控是指人通过通信媒体对远距离的被控制对象进行控制的技术，它包括红外遥控、蓝牙遥控等。

最早的遥控器据称是一个叫尼古拉·特斯拉的人发明的，他曾经为爱迪生工作。而最早用来控制电视的遥控器是美国一家叫 Zenith 的电器公司在上世纪 50 年代发明出来的。1955 年，该公司发展出一种被称为 "Flashmatic" 的无线遥控装置，但这种装置没办法分辨光束是否是从遥控器而来，而且也必须对准才可以控制。1956 年，罗伯·爱德勒开发出名为 "Zenith Space Command" 的遥控器，这也是第一个现代的无线遥控装置。它是利用超声波来调频道和音量，每个按键发出的频率不一样，但这种装置也可能会被一般的超声波所干扰，而且有些人和动物(如

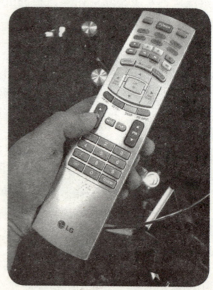

❖ LG 平板电视遥控器

狗）听得到遥控器发出的声音。

20 世纪 80 年代，发送和接收红外线的半导体装置被开发出来，并慢慢取代了超声波控制装置，并且一直延用至今。

科技不断向前发展，各种家用电器红外线遥控器层出不穷，人们家中遥控器的数量也不断增多。很多人都有过需要使用家电却找不到遥控器的经历。荷兰飞利浦公司的电子工程师罗宾·瑞姆伯尔特、威廉·麦金泰尔、拉克·古德森等人于 1985 年发明了"通用遥控器"，也就是我们所说的"万能遥控器"。"万能遥控器"这个获得了多项专利技术的复杂的操作系统，为人们生活带来了许多便利。

21 世纪，互联网技术和移动通信技术日新月异，电脑和手机成为人们日常生活中不可缺少的工具，因此电子产品的制造商也越来越关心如何使电脑和手机等电子产品具有短距离无线通讯功能。

伴随着科学技术的不断发展与进步，遥控在人类生活中占有了越来越重要的地位。

人脑遥控器

你连用手指碰一下遥控器的劲儿都不想使的时候，是不是希望意念能把电视关掉呢？

2004 年 6 月，在美国麻省，一个极为复杂的装置被放入了一名 24 岁四肢瘫痪者的大脑运动皮层中。这个只有药片儿大小的装置被称做"脑门"，由 96 根电极组成，它的神奇之处在于，经过九个月的练习和实验，四肢瘫痪的病人能通过它控制电脑，甚至收发电子邮件，或者打电子游戏，这无疑于给病人赋予新的肢体，新的生命。这个研究结果发表在 2006 年的《自然》杂志上。

不过"脑门"这一类的装置必须植入人脑中才能详细探测神经元活动，这种手术复杂而且危险。更有一些科学家打算用外部装置探测大脑的活动情况，不过依靠现在的技术，这种探测分辨率比较低，只能是泛泛地查看大脑活动，细节问题有待于进一步完善。

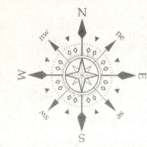

Great Inventions

机器人——
光干活不吃饭的奉献者

机器人技术对经济的发展和人类社会的进步具有深远影响。它们活跃在工程抢险、海洋打捞、工业生产、服务行业、医疗卫生等领域。使用机器人不仅能够几十倍地提高工作效率、节约能源和原材料、提高产品质量，更重要的是，它还能把人类从有害、有毒、危险恶劣的环境中解放出来。

其实，"机器人"一词的出现，还有世界上第一台工业机器人的问世仅仅是近几十年的事。但是，人类对机器人的幻想与追求却有着三千多年的历史，而中国人则是发明制造机器人的先驱。

早在西周时期，我国的能工巧匠偃师就制造出了能歌善舞的伶人，这是我国记载最早的机器人。

春秋后期，我国家喻户晓的木匠鲁班，在机械方面也是一位出色的发明家。据《墨经》记载，他曾制造过一只木鸟，可以在空中飞行，并且"三日不下"。

汉朝发明的指南车，利用齿轮定向机构，使车上的人的右手始终指向南方。它可以认为是世界上迄今为止得到证实的最早的机器人，这比欧洲发明的报时机器人

❖ 汉朝发明的指南车

早了一千多年。

三国时期，马钧设计了一种叫"水转百戏"的木偶玩具，他用水力使木轮转动，结果使轮子设置的木人都一起动弹起来，有的击鼓吹箫，有的唱歌跳舞，有的爬绳倒立，还有的舂米磨面。它们设计精巧，造型优美，栩栩如生，变化无穷。还有，蜀国丞相诸葛亮成功地创造出了"木牛流马"，并用其运送军粮，支援前方战争。而它的工作原理至今仍然是个不解之谜。

从以上可以看出，我们可以毫无愧色地说，机器人的"祖先"在中国！而现代意义上的机器人则产生在西方。

1939 年美国纽约世博会上展出了西屋电气公司制造的家用机器人

❖ 机器人

Elektro。它由电缆控制，可以行走，会说 77 个字，甚至可以抽烟，不过离真正干家务活还差得远。

1959 年，德沃尔与美国发明家约瑟夫·英格伯格联手制造出第一台工业机器人。由于英格伯格对工业机器人的研发和宣传，他被称为"工业机器人之父"。

据记载，最初的机器人被称做是"示范再现型机器人"。它只有一只机械手，能够学会一些简单的动作，可是要通过人的反复示范、多次重复来指导它学习才行。因此，当时的专家们就给它取了这样的名字。他们作为不知辛劳的"工人"，积极活跃在生产第一线，深受人们的赏识。

随着科技的发展，视觉传感器和听觉传感器也被应用在了机器人身上。这时的机器人就像是长出了"眼睛"和"耳朵"，即使稍微复杂一些的工作它也可以做了。后来，装有力觉传感器的机器人也诞生了，它能轻轻地、不把鸡蛋捏破地抓放鸡蛋，还能进行精密的装配工作。

机器人发展的高级层次是具有"大脑"的智能型机器人。这类机器人可以像人一样具有感觉，也就是说它能将味觉、触觉、嗅觉甚至听觉融合在一起。

它能进行逻辑分析、推断决策，并且有自觉和自制的能力。

随着机器人类型的更新换代，它所能从事的工作范围也越来越广泛。

无论是繁重的体力劳动，还是精密的装配工作，机器人都能干得得心应手。另外，机器人还能装配机器人，为自己"传宗接代"。更令人匪夷所思的是，机器人还特别勇敢。不管是幽深的海底，还是高远的太空，甚至是面对让人谈"核"色变的反应堆，它们都有胆量一试身手。

1985年6月23日，波音747客机在大西洋上空失事，机器人在海底找到了它的黑匣子。美国航天飞机"挑战者号"爆炸后的残骸的搜寻工作也是在机器人的协助下完成的。

1997年7月4日，美国"漫游者"六轮火星探测机器人在八个月的漫漫旅途之后登上了火星，开始了探险的旅程。另外，在医院护理领域，新一代的智能机器人也开始逐渐得到应用。

❖ 海宝机器人

例如，机器人已经成功地为一名美国心脏病患者施行了心脏手术并进行缝合。由于机器人工作的精确度高，且不含感情色彩，能够使预定的方案丝毫不差地在病人身上实施，所以，它被称为"最冷静的外科医生"。

21世纪，机器人的发展速度更是迅猛。世界机器人目前的平均密度是万分之一，也就是说，每一万人就拥有一台机器人。到21世纪中叶，将会发展到平均1000人就拥有一台机器人。智能化、小型化是机器人的发展方向，而且将来的机器人也会更灵活、更精确、更安全可靠。

根据目前的发展速度，相信在不远的将来，机器人也会走进你的生活，成为你家庭中的一员。

上海世博会使用海宝机器人

2010年的上海世博会，可以看到各种智能机器人忙碌的身影，其中的海宝机器人最引人注目。它以2010年上海世博会吉祥物"海宝"为原型，其创意来自世博局。海宝机器人是由浙江大学和中控科技集团联合研制开发并生产的高科技智能服务型机器人，它通体蓝色，身高1.55米，体重87公斤。海宝机器人拥有俏皮的刘海儿，面部表情丰富，它会说话，会摇头，能挥手、扭腰。

❖ 机器人

37台海宝机器人组成了"机器人兵团"，它们分别被安放在上海世博园区主要的出入口，如中国馆、主题馆、文化中心、世博中心、世博轴等，以及上海虹桥、浦东两大机场。海宝机器人具有以下功能：

（一）语音功能。在海宝的引导下，游客可以与海宝进行语言交互及问答。它们配合肢体动作、声光电效应营造出动人的时尚感。

（二）迎宾功能。它们可以自动进入迎宾状态，并采用中英语言进行问候，同时能请来宾在触摸屏上选择服务语种，包括中英双语。还有，它们流畅的肢体运动实现了与人的亲切交流。

（三）信息功能。它们可以为世博会信息平台服务，为来宾介绍上海世博会情况、世博会各场馆。另一方面，它们还能为来宾介绍机场、车站附近可换乘的公交路线及著名景点，以及播报近期天气信息等。

（四）才艺展示。海宝机器人可以表演多种舞蹈及动作，还能说笑话讲故事，主持节目，演唱多语种歌曲。

（五）拍照。海宝机器人能为游客提供拍摄服务。

Great Inventions

触摸屏——
让世界触手可及

拓展视野，加速人类文明进程

Great Inventions

触摸屏相信大家都不会陌生吧？作为一种新兴的人机对话方式，触摸屏受到了越来越多人的喜爱。其实，我们在"触摸着"电脑的同时，也在触摸着整个世界。随着技术的发展，相信未来这项技术也可以和机器人技术结合起来，并发展成一些更易于控制、更具有人性化的电子产品，从而使得我们的生活更加多姿多彩。

现在，就让我们走近触摸屏，了解一下这个让我们与世界无限接近的触摸屏的相关历史吧。

我们使用触摸屏虽然还是近几年的事情，但是触摸屏的研究却是从几十年前开始的。

1971 年，美国电子工程师塞缪尔·赫斯特在肯塔基大学的研究基金会做教师，为了准备学生的毕业考试每天不得不阅读大量的资料，同时，为了节省一些时间，他发明了一

❖ 触摸屏显示器

个触摸传感器，这个传感器就是触摸屏的雏形，塞缪尔·赫斯特也被人们誉为"触摸屏之父"。这种触摸式传感器能够让他更加快速地输入数据，但是这种装置不像现在的手机触摸屏这样是透明的，而且体积相当大。三年后，

❖ KTV 点歌系统触摸屏

赫斯特又发明出了透明的触摸屏。这种触摸屏把信息的输入和输出设备有机地结合在了一起，给使用者一种人在控制计算机的真切感受。因为键盘和鼠标等控制计算机的这些输出设备与显示器隔着一段距离，这给人带来一种疏远感，触摸屏就好比是人们骑马时自己控制着马匹，那种感觉自然更为真切舒适。

那时触摸屏由于自身有着很多明显的弱点，比如触摸屏的实际工作效率比不上传统的鼠标和键盘。于是，触摸屏通常被使用在一些不方便带鼠标和键盘的公共场合。

人们并没有因这些效率问题而放弃对触摸屏的研究，众多电子工程师一直在积极探寻解决的办法。在这种情况下，一种多点触摸屏就诞生了。美国贝尔实验室的电子工程师们研制出了多点触摸屏，但使用起来不是那么方便。后来音乐家比尔·巴克斯顿率先改进了触摸屏。他于1973年在加拿大皇后大学取得音乐学士学位，之后开始着迷于设计数字乐器。就是因为对数字音乐的痴迷才使他无意中改进了触摸屏，开发了一种电容式多点触摸屏，为多点触摸屏的发展作出了贡献。他完成这项工作后说道："发明技术是一回事，将技术付之实践是另一回事，

❖ 触摸屏一体机

而且也是关键所在。"
在他这种理念的指引下，
多点触摸屏的巨大市场
需求促使科学家们加快
了研究的步伐。1991 年，
美国电子工程师皮尔
埃·维尔纳开发出了一
款被称为"数字桌面"
的多点触摸屏，这一成
果受到了众多 PC 和手机
生产厂商的关注。

❖ 触摸屏一体机

目前，触摸屏应用
范围变得十分广泛，从工业用途的工厂设备的控制及操作系统、公共信息查
询的电子查询设施、商业用途的提款机，到消费性电子的移动电话、PDA、
数码相机等都可以看到触控屏幕的身影。

皮肤上的触摸屏

现在美国研究人员运用一种新技术，将人的手臂变成一块触摸屏，
它不仅解决了显示屏面积限制的问题，它的易操作性也是无与伦比的。

这款能在人的皮肤上投影出触摸屏界面的设备是一个名叫 Skinput 的
臂带，由微软研究员和美国卡内基梅隆大学的研发人员联合设计。设备
中包含了一个微型投影仪和一个精密的传感器，投影仪在人的皮肤上映
出一个操作界面，如普通的触摸屏一般，人可以在这个界面上按键，传
感器便可以分辨出皮肤上哪个部分被点击了，进而执行命令。

目前传感器能识别五个不同的皮肤部位，识别准确率高达 95.5%，
对于许多智能手机来说已经够用。20 名试用该设备的志愿者认为，这个
设备很容易操控。即使在走路或跑步的状态下，设备也运转良好。

哈里森表示，这种新型触屏可能在未来五年内与消费者见面。

136

Great Inventions

汉字激光照排——
再见吧，铅与火的时代

现代科技发展史上，我国关于计算机领域的很多技术都落后于国际一流企业，但因为有了有着"当代毕昇"称号的著名科学家王选所主持研发的汉字激光照排技术，我国在现代印刷出版领域一直保持领先。它引起当代世界印刷界的惊叹，被誉为中国印刷技术的再次革命。

传统的报纸图书都是用铅字印刷，因此离不开"铅"与"火"。当时先用火熔化金属铅，而后再铸成铅字。这种工艺劳动强度大，污染环境，有碍排字工人的身体健康。随着计算机技术的发展，电子激光技术逐步取代了"铅"与"火"，但曾以"活字印刷术"骄傲的中国人，正面临着前所未有的"尴尬"，汉字字形是由以数字信息构成的点阵形式表示的，汉字字体、字数比西方字母多，如一个一号字要由八万多个点组成。因此全部汉字字模的数字化存贮量高得惊人。中国的汉字无法进入电子计算机系统……

北京大学教授王选虽然学的是数学，但是对电子计算机却有浓厚的兴趣，他发现，要想让普通人也能快速地使用电子计算机，

❖ 活字印刷图

就必须先解决汉字输入这个关键环节。认识到这一点后，王选就对汉字输入技术开始了精心的研究。此时，国外的照排机已经更新到了第四代，这时候，参与研究的人，大多数人主张采用第二代。王选却说："要研究就研究国外

正在开发的第四代照排机。"也就是说，一步要跨越外国人走了30年的路，中国人走了500年的路。领导和与会的大部分专家都摇头了。

"他们不相信，我就自己干。"王选自言自语地说，并埋头继续研究。

没过多长时间，他相继攻下了汉字的信息压缩技术、高速还原技术和文字变倍技术，这时离成功只有一步之遥了。

在 1979 年 7 月 27 日，在北大汉字信息处理技术研究室的计算机房里，科研人员用自己研制的照排系统，

❖ 照排机

在短短几分钟内，一次成版地输出了报头"汉字信息处理"六个大字。于是，首台用电子计算机"指挥"的汉字激光照排机问世，自此汉字激光照排技术诞生了。王选教授也因此被称为"汉字激光照排之父"。

研究的不断深入使"华光"照排系统得到改进、完善。1988 年推出的华光系统，既有整批处理排版规范美观的优点，又有方便易学的长处。它是国内目前唯一的具有国产化软、硬件的印刷设备，在国内汉字印刷领域有着不可替代的地位。1990 年全国省级以上的报纸和部分书刊已基本采用这一照排系统。到 20 世纪末，全国的报纸和出版社全部实现激光照排。此时，中国的铅字印刷被历史所淘汰。

王选成功地研制出汉字激光照排机，让国人再次感受到了汉字在计算机时代的"辉煌"，使中华文明从此告别了"铅与火"的时代，进入了"光与电"的时代。同时中文可以写入电脑也就代表世界上其他非表音语言也可以写入电脑，中国智慧为世界作出了卓越贡献，引起了世界范围内的巨大轰动。

拓展视野，加速人类文明进程

Great Inventions

Great Inventions

造纸术——
人类文明的记录者

现实生活中普遍存在的纸，是用以书写、印刷、绘画或包装等的片状纤维制品。造纸术是中国历史上的一项重大的发明，对中国历史产生了重要的影响，也推动了中国、阿拉伯、欧洲乃至整个世界的文化发展。

纸的发明经历了一个相当长的历史时期。

在西汉社会经济中，植桑养蚕、缫丝织绢逐渐占据重要的地位。据考证，在那个时代，一般用较好的蚕茧抽丝织绸，用剩下的较差的茧子做丝绵。做丝绵时，先把茧子煮烂、洗净，然后放到浸没在水中的篾席上捶打，直到茧衣被捶得稀烂。接着，把连成一片的丝绵取出，这就是漂絮。漂絮之后，篾席上还留有一层互相交织的乱丝。漂絮的次数多了，当把篾席晾干后，它上面就附着

❖ 汉朝造纸工艺流程图

一层由残絮形成的薄薄的丝片。人们把它剥下来，发现它同缣帛相近，可以用来书写，古人因此便称之为"赫蹏"。由于赫蹏的来源有限，价钱相对也较高，在当时的条件下，不可能得到大量生产和使用，因此也就不能满足人们的日常需要。但是，人们受这个启发，经过不断地摸索和实验，终于成功

地发明了植物纤维纸。

东汉时期，蔡伦精心总结了民间造纸的经验，并改进了造纸的工艺，同时又选用价格便宜的麻头、树皮、破布、废渔网等作为造纸原料。加工的方法是：先把这些东西和石灰放在一起搅拌，再放在石臼中舂，把纤维舂散，然后加水煮烂，并掺和有粘性的胶类物质，使纤维互相溶合成浆状，再用细帘在浆中均匀地捞出这些细碎的纤维，使它干燥。这样就制成了质地轻薄、价廉耐用的纸。到了东汉末年，出现了一位造纸能手，名叫左伯。他造出的纸匀结细密，色泽鲜明，洁白光辉。

❖ 蔡伦半身雕像

直到魏晋南北朝时期，纸才普遍为人们所使用，造纸技术也得到了空前的提高。造纸区域也由以前集中在河南洛阳一带而逐渐扩散到越、蜀、韶、扬及皖、赣等地，产量与日俱增，造纸原料也多样化。纸的名目繁多，如藤纸，纸质洁白如玉，匀细光滑，不留墨；竹帘纸，纸面有明显的纹路，其纸紧薄而匀细；鱼卵纸，又称鱼笺，光滑、柔软；棉纸，色泽洁白，质地优良，拉力强，轻薄软绵，纸纹扯断像棉丝一样。

蔡伦造纸的原料广泛，用破布造的纸叫布纸，用烂渔网造的纸叫网纸，因当时把渔网破布划为麻类纤维，所以统称麻纸。

晋朝时，为了延长纸的寿命，人们发明了染纸新技术，即从黄檗中熬取汁液，浸染纸张。有的先染后写，有的先写后染，浸染的纸叫染黄纸，呈天然黄色，所以又叫黄麻纸。

我们今天比较熟悉的宣纸出现于隋唐时期。在前代染黄纸的基础上，唐朝人民又在纸上均匀涂蜡，经研光，使纸具有艳美、光泽莹润的优点，人们称之为硬黄纸。如果把蜡涂在原纸的正反两面，再用卵石或弧形的石块碾压摩擦，可使纸润滑、光亮、密实，纤维均匀细致。这种纸比硬黄纸稍厚，人们称之为硬白纸。另外，在纸上填加矿物质粉和加蜡而做成粉蜡纸；在粉蜡纸和色纸基础上经加工出现金、银箔片或粉的光彩的纸晶，称做金花纸、银花纸或金银花纸，又称冷金纸或洒金银纸；将纸在刻有字画的纹版上进行磨压，使纸面上隐起各种花纹，称花帘纸或纹纸。除此之外，还出现了经过简单再加工的纸，著名的有薛涛笺、谢公十色笺等染色纸、金粟山经纸，以及各种各样的印花纸、松花纸、杂色流沙纸、彩霞金粉龙纹纸等。

宣纸制造工艺在清代又得到进一步的改进，并成为家喻户晓的名纸。各地造纸大都就地取材，制造的纸张也名目繁多。在纸的加工技术方面，如染色、施胶、砑光、加矾、洒金、涂蜡、印花等工艺，都得到了进一步的发展和创新。

造纸术发明之后，我国先是把纸质书带到其他国家，接着造纸术也逐渐向外传播。公元 384 年，东晋熟悉造纸的和尚摩罗难陀从山东乘船渡海至百济国，带去各种书籍献给百济国王，并在朝鲜传播造纸技术。公元 610 年，朝鲜和尚昙征渡海到日本，把造纸术献给日本摄政王圣德太子，圣德太子下令向全国推广，极大地方便了人们的生活，后来日本人民便称他为纸神。公元 751 年，造纸术传入阿拉伯。那一年，唐将高仙芝在阿拉伯大食国与中亚西亚坦罗斯城的战争中失败，被俘去一批造纸工匠出身的士兵。当地人组织这些俘虏传授造纸方法，并在撒马尔康办起用棉花造纸的厂子。以后叙利亚的大马士革、埃及与摩洛哥，也学到了我国的造纸技术。

宣纸的传说

宣纸的出现在人类文明的发展史上起着举足轻重的作用。有一个传说在宣纸的主要产地安徽宣州广为流传，话说蔡伦的徒弟孔丹，在皖南以造纸为业，由于他对自己的师傅特别尊敬，因此他一直想制造一种特别理想的白纸，用来替师傅画像修谱。但是他经过许多次的实验都不能如愿以偿。一次，他偶然在山里看到有些檀树倒在山涧旁边，因时间比较长久，被水浸蚀得腐烂发白，由此得到灵感。后来，他用这种树皮造纸，经过反复的实验终于获得了成功。唐代写经用的硬黄纸，五代和北宋时的澄心堂纸等，都属于宣纸。从那以后，宣纸一直是书写、绘画不可缺少的珍品。到明清以后，中国书画几乎全用宣纸。

Great Inventions

火药——
歪打正着的伟大发明

> 火药是中国四大发明之一，也是人类文明史上的一项杰出成就，它推进了世界历史的进程。恩格斯曾高度评价中国在火药发明中的作用："现在已经毫无疑义地证实了，火药是从中国经过印度传给阿拉伯人，又由阿拉伯人和火药武器一道经过西班牙传入欧洲。"火药动摇了西欧的封建统治，昔日靠冷兵器耀武扬威的骑士阶层日渐衰落。同时，火药还是欧洲文艺复兴、宗教改革的重要支柱之一。

要了解火药，首先让我们来看一下火药的科学定义。火药是指在适当的外界能量作用下，自身能进行迅速而有规律的燃烧，同时生成大量高温燃气的物质。火药的研究始于古代的炼丹术。

我国的炼丹术历史悠久，早在战国时期已有方士向荆王献不死之药的记载。汉武帝也妄想"长生久视"，向民间广求丹药，招纳方士，并亲自炼丹。从此，炼丹成为风气，开始盛行。

炼丹术中很重要的一种方法就是"火法炼丹"。它与火药的发明有直接关系。在发明火药之前，人们通过炼丹术已经得到了一些人造的化学药品，如硫化汞等。这可能是人类最早用化学合成法制成的产品之一。

炼丹家虽然掌握了一定的化学方法，但是他们的方向是求长生不老之药，因此火药的发明具有一定的偶然性。

炼丹家对于硫磺、砒霜等具有猛毒的金石药，在使用之前，常用烧灼的办法"伏"一下，"伏"是降伏的意思，使毒性失去或减低，这种手续称为"伏火"。唐初的名医兼炼丹家孙思邈在"丹经内伏硫磺法"中记有：硫磺、硝石各二两，研成粉末，放在销银锅或砂罐子里。掘一地坑，放锅子在坑里和地平，四面都用土填实。把没有被虫蛀过的三个皂角逐一点着，然后夹入锅里，把硫磺和硝石起烧焰火。等到烧不起焰火了，再拿木炭来炒，炒到木炭消去三分之一，就退火，趁还没冷却，取出混合物，这就伏火了。

唐朝中期有个名叫清虚子的用马兜铃代替了孙思邈方子中的皂角，这两种物质代替碳起燃烧作用的。

伏火的方子都含有碳素，而且伏硫磺要加硝石，伏硝石要加硫磺。这说明炼丹家有意要使药物引起燃烧，以去掉它们的猛毒。

虽然炼丹家知道硫、硝、碳混合点火会发生激烈的反应，并采取措施控制反应速度，但是因药物伏火而引起丹房失火的事故时有发生。《太平广记》中有一个故事，说的是隋朝初年，有一个叫杜春子的人去拜访一位炼丹老人。当晚住在那里，半夜杜春子梦中惊醒，看见炼丹炉

❖ 古代炼丹炉

内有"紫烟穿屋上"，顿时屋子燃烧起来，这可能是炼丹家配置易燃药物时疏忽而引起火灾。还有一本名叫《真元妙道要略》的炼丹书也谈到用硫磺、硝石、雄黄和蜜一起炼丹失火的事，火把人的脸和手烧坏了，还直冲屋顶，把房子也烧了。书中告诫炼丹者要防止这类事故发生。这说明唐代的炼丹者已经掌握了一个很重要的经验，就是硫、硝、碳三种物质可以构成一种极易燃烧的药，这种药被称为"着火的药"，即火药。

火药不能解决长生不老的问题，又容易着火，炼丹家对它并不感兴趣。然而，巧合的是，火药的配方由炼丹家转到军事家手里，军事家对火药进行了加工和改进，就成为中国古代四大发明之一的火药。

Great Inventions

火柴——
让钻木取火成为过去

划时代的进步，来自于奇妙变化

Great Inventions

从最初的钻木取火到采用火石和火镰取火，人类的取火方法并没有取得突破性的进展，直到 19 世纪，科学家经过多次试验，发明了火柴，人类的取火方法才发生了质的飞跃。火柴在今天看来虽说是一种不起眼的日常生活用品，但它的发明对于人类的文明和进步有着巨大的意义。

火柴是目前非常便宜和普遍的取火工具，它让人类对火的使用从最初的"钻木取火"发展到了通过"自动燃烧"获取火种的阶段。

在古代，人们取火非常麻烦。首先，他们用火刀在火石上摩擦来打火，等到打出火星之后，要立即用火绒去点，火绒点着了才能把火引上。用这种方法取火，往往要打七八次火石才能"大功告成"。

18 世纪末，罗马出现了一种比较科学的取火方法。人们先找一根一米多长的大木棒，在它的顶端涂上浓氯酸钾、糖和树胶的混合物，需要用火的时候，就把大棒的顶端伸进一个盛有硫酸溶液的器皿里，通过两者发生化学反应而燃烧。这可以看做是火柴的雏形。

1826 年，英国化学家沃克无意中制成了世界上最早的摩擦火柴。它的发明为人类用火提供了极大的方便。

为了制造一种猎枪上的发火药，一天，沃克找来了氯酸钠和三硫化二锑，他把两种物品混在一起，并用一根小棍子进行搅拌。搅拌好以后，他拿起粘有金属的小棍棒在地上慢慢地擦起来，希望把棍棒上的混合物擦干净。这时，突然"啪"的一声，冒出了一股火苗，紧跟着，木棍开始燃烧起来。

沃克被这突如其来的现象吓了一跳，爱思考的他立即想到：能不能把这些混合物保留在这根小棍棒上，需要时拿过来擦一擦呢？想到这儿，沃克兴奋万分，他拿来一根小棍棒，把刚才的混合物又粘在小棍棒上，而后往地上轻轻地擦起来。果然，又一次闪亮的火花出现了。"成功了！"约翰沃尔克高兴得手舞足蹈。世界上第一根具有实用价值的火柴就这样奇迹般地诞生了。

黄磷火柴的出现是在 1831 年，法国人索里亚用黄磷代替三硫化二锑掺入药头中，制成了黄磷火柴。由于这种火柴使用方便，很受人欢迎。但是黄磷有剧毒，加上它发火太灵敏，很容易发生火灾事故。所以，人们继续寻找更为安全实用的火柴。

1845 年，性能稳定并且无毒性的赤磷（也称"红磷"）出现了，因为它是黄磷的同素异形体，所以科学家们开始设想能否用它代替黄磷。一年以后，瑞典人伦德斯特伦将氯酸钾和硫磺等混合物粘在火柴梗上，而将赤磷涂在火柴盒侧面。当用火柴药头在磷层上轻轻擦划的时候，火柴便点燃了。这种火柴能把强氧化剂和强还原剂分开，大大增强了火柴生产和使用中的安全性，因此被称为安全火柴。

1865 年，火柴开始传入中国，人们最早称之为"洋火"或"自来火"，当时，只有宫廷中的人和大臣们才用得起。1879 年，旅日华侨卫省轩在广东佛山创办了中国第一家火柴厂，火柴才从原来的奢侈品变成日常生活用品。

进入 20 世纪，火柴的制造工艺越来越精湛和高明。为了防止火柴燃烧得太快，人们向火柴头的药物成分里添加了一种能起缓和作用的玻璃粉，并且还加了一种叫做牛皮胶的物质，以防止化学药品的脱落。发展到现在，火柴的种类也越来越多，有音乐火柴、

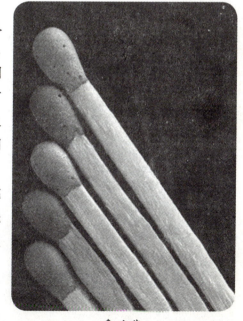

❖ 火柴

自启式火柴、电影火柴等，可以说是五花八门。它目前仍没有被各种现代化的打火机完全代替。

Great Inventions

安全炸药——
诺贝尔奖项的来历

> 诺贝尔是瑞典著名的化学家、工程师、发明家，也是军工装备制造商和炸药的发明者。他曾拥有主要生产军火的军工厂，还曾建立一座钢铁厂。他在遗嘱中写道，用他的巨额财富创立诺贝尔奖。各种诺贝尔奖项都是以他的名字来命名的。

我国的四大发明之一火药是人类文明史上的一项杰出的成就。火药最初被用在医学上，这也是一开始称呼其为"药"的原因。火药经阿拉伯人传至欧洲后用于军事上。火药主要用做枪弹、炮弹的发射药和火箭的推进剂及其他驱动装置的能量来源，也是弹药的重要组成部分。

黑火药在适当的外界能量影响下，自身能够快速并且有规律地燃烧，同时产生大量的高温燃气物质。在使用过程中，人们逐渐发现黑火药有致命的弱点：一来威力小，二来不容易被引爆。为了满足飞速发展的工业的需要，科学家们开始研究新的爆破动力。在这领域作出杰出贡献的是瑞典著名的科学家诺贝尔。

诺贝尔，1833 年 10 月 21 日出生在瑞典的首都斯德哥尔摩市。幼年时候的诺贝尔家境十分贫苦，但他深受作为发明家的父亲的影响，也非常热衷于发明创造。

诺贝尔虽然只接受过一年的正规学校教育，但他从小勤奋好学，精通英、法、德、俄、瑞典等多国的语言，而且对文学也很感兴趣，甚至可以利用外文写作。他的自学能力非同寻常。在发明领域小诺贝尔的学习劲头更足，在他父亲做实验的时候，他可连续观察几个小时。他九岁那年，父亲带他去了俄国，并为他聘请了家庭教师，教授他数、理方面的基础知识，为他日后搞

发明打下了坚实的基础。同时，诺贝尔在学习之余也在父亲开的工厂里帮忙，因此他的动手能力很强，并具备了相当多的生产和管理方面的知识。

当时，工业革命的开展和深入刺激了能源、铁路等基础工业部门的发展，为了提高挖掘铁、煤、土石的工作效率，工人开始频繁地使用炸药，但是由于工人们对炸药的安全问题认识不足，致使爆炸事故频频发生。于是，各国先后下令禁止运输和使用诺贝尔的炸药，人们认为诺贝尔是制造恐怖的"炸神"。诺贝尔的工厂因此也受到了沉重打击，面临倒闭的困境，在严峻的考验面前，诺贝尔并没有被吓倒，而是开始全心研究安全的炸药。

1859年的一天，诺贝尔来拜访自己的老师，第一次见识了一种叫硝化甘油的化学物质。他对硝化甘油作了进一步分析，发现不管是高温加热还是重力冲击都可以导致其爆炸。于是他开始为寻求一种安全的引爆装置而不停地实验。经过无数次实验，诺贝尔最终发现如果把水银溶于浓硝酸中，再加入一定量的酒精，就能生成雷酸汞，而且这种物质的爆炸力和敏感度都很大。因此，诺贝

❖ 诺贝尔

尔认为它可以作为引爆硝酸甘油的物质。于是，他就把雷酸汞制成的引爆装置装到硝酸甘油的炸药实体上，诺贝尔亲自点燃了导火索，只听"轰"的一声巨响，实验室的各种器具到处乱飞，他本人也被炸得血肉模糊。他从废墟中爬出来用尽最后一点气说："我成功了！"说完这句话他就昏死过去了。

科学家在前进的过程中都会有和诺贝尔相似的悲壮经历。但是不管怎样，雷酸汞雷管发明成功了！在1864年，诺贝尔申请了这项发明专利。很快，诺贝尔的发明被传播开来，用于开矿、筑路等工程项目中，这大大加快了工人们的挖掘速度。正当人们沉浸在炸药给生活带来的便利之中时，灾难却无情地袭向诺贝尔一家。

1864年，诺贝尔的弟弟埃米尔还有另外四名工人在实验中不幸被炸身亡，年长的老诺贝尔因丧子之痛也含悲而去，但这些并没有阻止诺贝尔的科研进程，他忍着巨大悲痛在斯德哥尔摩市郊设厂，开始大量生产硝化甘油。但因安全问题，有些国家禁止制造、运输和储藏硝化甘油，诺贝尔的事业再次受到极大的影响。经过慎重考虑，诺贝尔决定研制安全炸药。于是他远赴美国加利福尼亚州就地实验生产安全的炸药。在不断的实验中，他详细地分析了一些物质的性质，认为利用多孔蓬松的物质吸收硝化甘油，这样可以降低危险性。最终，诺贝尔设定25%的硅藻土吸收75%的硝化甘油，利用这种方法就可形成安全性很高的炸药。

在威力强大、使用安全的猛炸药出现之后，黑色火药就逐步退出了历史舞台，这堪称炸药史上的一个里程碑。诺贝尔在之后的几年里，经过不断的研究，又发明出威力更大、更安全的新型炸药——炸胶。1887年，燃烧充分、极少有烟雾残渣的无烟炸药也在诺贝尔的实验室诞生了。

❖ 诺贝尔奖金质奖章

由于始终遵循着威力更大、更安全的原则，诺贝尔在发明炸药的道路上取得了伟大成就，同时也为人类工业的发展作出了巨大的贡献。

诺贝尔不仅是个成功的发明家，同时也是一个慈善家。他对各种人道主义和科学慈善事业的捐款也十分慷慨，并把自己的大部分财产都交付给了信托部门，设立了现在成为国际最高荣誉的奖金——诺贝尔奖金。这项奖金包括了和平、文学、物理学、化学、生理学和经济学共六项诺贝尔奖金（其中，诺贝尔经济学奖金是瑞典国家银行在1968年提供资金增设的）。诺贝尔为人类的进步作出了杰出的贡献，受到了后人的尊敬。

划时代的进步，来自于奇妙变化

Great Inventions

Great Inventions

塑料——
生活不可或缺的材料

> 所谓塑料，它其实是合成树脂中的一种，形状跟天然树脂中的松树脂相似，但因经过化学的力量合成，而被称为塑料。
>
> 塑料制品色彩鲜艳，重量轻，不怕摔，经济耐用。它的出现，不仅给人们的生活带来了许多便利，而且也极大地推动了工业的发展。

塑料是由一个叫亚历山大·帕克斯的摄影师在暗房里的实验中制作出来的。在 19 世纪的时候，人们还不能够像今天这样，购买现成的照相胶片和化学药品，所以，每个摄影师同时也必须懂得一些相关方面的化学知识。在摄影过程中，他们经常使用一种叫"胶棉"的材料，这种材料是一种"硝棉"溶液，也就是在酒精和醚中的硝酸盐纤维素溶液。当时，它被广泛地用于把光敏的化学药品粘在玻璃上来制作类似于今天照相胶片的物植。

19 世纪 50 年代，一天，帕克斯把胶棉与樟脑混合，令他惊奇的是，两者混合后产生了一种可弯曲的硬材料,帕克斯便称该物质为"帕克辛"，于是塑料便产生了。

此后，帕克斯用"帕克辛"制作出了梳子、笔、纽扣和珠宝印饰品等各类物品。然而，由于帕克斯没有

❖ 再生塑料

商业头脑，他不懂得用自己的发明来创造经济效益，反而在自己的商业冒险上赔了钱。

人们为了挖掘塑料的新用途便开始了不断的探索研究。在1868年，一个来自纽约的印刷工约翰·韦斯利·海亚特幸运地发现了这难得的商机。当时，有一家台球的公司抱怨象牙短缺，鉴于此，海亚特改进了制造工序，也给"帕克辛"取了一个新名称——"赛璐珞"。他从台球制造商那里获得了一个巨大的商品市场，不久各种各样的塑料产品便诞生了。

1907年7月14日，世界上第一种完全合成的塑料出自美籍比利时人列奥·亨德里克·贝克兰之手，他注册了酚醛塑料的专利。酚醛塑料绝缘、稳定、耐热、耐腐蚀、不可燃，贝克兰称其为"千用材料"，被广泛用在迅速发展的汽车、无线电和电力工业中。他几年后发明了Velox照相纸，这种相纸在灯光下就能显影。

20世纪30年代，尼龙也合成了，被称为是由"煤炭、空气和水合成，比蜘蛛丝细，比钢铁坚硬，优于丝绸的纤维"。它们的出现，为此后各种塑料制品的发明和生产奠定了基础。

中国塑料产业现状及发展

经过长期的发展，中国塑料工业已形成门类较齐全的工业体系，成为与钢材、水泥、木材并驾齐驱的基础材料产业。作为一种新型材料，它的应用领域已远远超越上述三种材料。

中国塑料工业在从无到有、从小到大、从弱到强的发展历程中，已取得了辉煌的成就，跨进了世界塑料先进大国的行列。作为轻工行业支柱产业之一的塑料行业，它这几年的增长速度一直保持在10%以上，塑料制品行业主体企业产值总额在轻工业的19个主要行业中位居第三，实现产品销售率97.8%，高于轻工行业平均水平，尤其是合成树脂、塑料机械和塑料制品的生产，显示了中国塑料工业强劲的发展势头。

Great Inventions

化纤（人造丝）——
纺织原料大家庭的新宠儿

> 人造丝是指将无法纺纱织布的纤维，变成可以做布料的纤维。它的基本材料是通过人工改造后的天然纤维，这些被改造的纤维能够纺出纱线织出布来。
>
> 人造丝织品价廉物美，结实耐用，深受消费者欢迎，世界各国都很重视，因此人造丝业，即现在我们所说的化纤纺织业得到迅速发展。人造丝产品不断推陈出新，逐渐占据了丝、棉织品的市场。

从古到今，服装经历了多次变革。远古人曾以树叶和兽皮为服装，主要起到御寒的作用。棉、毛、丝、麻是近代人服装的主要材料，人造丝则是现代人的发明，用它制成的衣服凉爽轻便，让人穿起来更加舒服。

历史上最早提出人造丝设想的是英国皇家学会物理学家胡克博士。此后，无数科学家为了实现这一设想付出了艰辛的劳动。

18 世纪 30 年代，法国有位科学家名叫卜翁，他对蜘蛛织网产生了浓厚的兴趣，他采用了一个比较"笨"的方法：为了得到足够的蜘蛛，卜翁深入山林村野，一只一只地捕捉，并从它的腹部抽取黏液，装入针筒里。

终于，经过不懈的努力，卜翁捕捉到了上万只蜘蛛。他从针筒里

❖ 人造丝绣花线

轻轻地挤出蜘蛛的黏液，但是，最终他想用这些蜘蛛黏液织出一副实用手套的计划失败了。

卜翁的发明尽管没有取得令人满意的实效，但却引起了另一位名叫查唐纳的人的兴趣。

与此同时，法国另一位化学家罗满开始研究蚕丝与桑叶的联系。通过测试，罗满发现桑叶和蚕丝的不同之处是蚕丝含氮，这对研究人造丝也是一个重要启示。遗憾的是，罗满就此止步，没有继续研究。

查唐纳是法国大科学家巴斯德的学生、助手，也是一位摄影爱好者。1884年的一天，他在冲洗照片时，发现底片溶解在酒精和乙醚的混合溶液中，而且这种液体非常黏稠。对科学发明非常敏感的查唐纳，对这种液体产生了浓厚的兴趣，他立即用针筒装上液体，一试，果然喷出了一根细细的丝："人造丝，人造丝。"查唐纳高兴得手舞足蹈。

世界上第一根人造丝就这样在无意间诞生了。

然而，在一次高级宴会上，一位太太穿着一套纯人造丝白色礼服，在人群中飘来晃去的时候，一个人弹烟灰使得火星落到衣服上，人造丝礼服眨眼间燃烧起来。人们被这骤然降临的灾祸弄得惊慌失措。因伤势过重，这位太太在抢救中一命呜呼。这一事件发生之后，人们把人造丝贬得一钱不值，也把人造丝的发明者查唐纳说成是一个"骗子"。

❖ 蚕和桑叶

虽然如此，但他并没有放弃，他决心振作精神，继续研究。最后，他发现硝酸纤维素中隐藏着一种危险物质，这种物质是制造炸药的原料。查唐纳不断实验，摸索出提取这种危险物质的办法。人造丝的危险因素被消除了，安全的人造丝终于问世。后来他还用棉花秸秆等作为人造丝的原料，为人造丝的制造开辟了广阔的空间。

到了1891年，查唐纳在法国贝尚松市创办了世界上第一个人造丝工厂，人造丝终于渐渐登上世界服装业的大舞台。

Great Inventions

味精——
有了它，食物更鲜美

味精是一种用于烹调的调味品，主要用于增加食物的鲜味。如今，味精已经走进千家万户的厨房，并且被广泛地用于我们的日常食品中。味精的发明，完全出于一次偶然。

谈到味精的发明，有一个很有趣的故事。

1908 年的一天，日本化学教授池田菊苗坐在餐桌前，准备吃午餐。他在上午完成了一个难度较高的实验，此时他的心情特别舒畅，当妻子端上来一盘海带黄瓜片汤时，池田一改往常的快节奏饮食习惯，竟有滋有味地慢慢品尝起来了。池田这一尝，发现汤的味道特别鲜美。一开始，他还以为是今天心情特别好的缘故，再喝上几口觉得确实是鲜。

"这海带和黄瓜都是极普通的家用食材，怎么会产生这样的鲜味呢？"池田自言自语起来，"嗯，也许海带里有奥妙。"出于职业的敏感，池田菊苗教授一离开饭桌，就又钻进了实验室里。他取来一些海带，细细地研究起来。

半年后，池田菊苗教授有了研究成果：在海带中可提取出一种叫做谷氨酸钠的化学物质，加到汤里去，就能使汤的味道鲜美至极。

那时一位名叫铃木三朗助的日本商人，正和他人共同研究如何从海带中提取碘

❖ 味精

的生产方法。他看到池田教授的研究成果后，灵机一动，立刻改变了主意，自言自语道："用海带来提取谷氨酸钠吧！"铃木来到了池田家，这两个人的合作促成了一种新的调味料走进千家万户。池田告诉铃木，从海带中提取谷氨酸钠作为商品出售不合实际，因为每10公斤的海带中才能提取0.2克谷氨酸钠。但是，在大豆和小麦的蛋白质里也含有这类物质，从大豆和小麦中可以大量地提取谷氨酸钠，这样成本很低。池田和铃木的合作很快成功了。一种叫"味之素"的商品出现在东京浅草的一家店铺里，广告词是——"家有味之素，白水变鸡汁"。一时间，购买"味之素"的人快要挤破了店铺的大门了。

日本的"味之素"很快就传进了中国，这种奇妙的白色粉末打动了一位名叫吴蕴初的化学工程师。他买了一瓶回去研究，想看看这种被日本人严格保密的白粉究竟是什么东西，一化验，原来就是谷氨酸钠。经过一年多的时间，他独立发明出一种生产谷氨酸钠的方法。吴蕴初把他制得的"味之素"叫做味精，他是世界上最早用水解法来生产味精的人。1923年，吴蕴初在上海创立了天厨味精厂，向市场推出了中国的"味之素"——"佛手牌味精"。此后，佛手牌味精不仅畅销于中国市场，还打进了美国市场。吴蕴初也获得了一个"味精大王"的称号。

味精的出现，大大增加了食物的美味，丰富了我们的饮食生活。

味精和鸡精的区别

现在市场上有两种类似的调味料即味精和鸡精，那么味精和鸡精有什么区别呢？

味精是以粮食为原料，通过微生物发酵、提取、精制而生产出来的产品。味精是谷氨酸的一种钠盐，是有鲜味的物质，称谷氨酸钠，商品名称叫味精，也可称味素。

味精有国家标准和行业标准，生产一直很规范。按标准，其产品根据谷氨酸钠含量的多少有四种规格：99%、95%、90%、80%。

鸡精是一种复合调味料，它的基本成分主要是味精（含量在40%左右），还有助鲜剂、盐、糖、鸡肉粉、香辛料、鸡味香精等成分复配加工而成。有人称鸡精是第三代味精，由上可知，这种称呼是不够确切的。

Great Inventions

人工降雨——
人类降服了"老天爷"

人工降雨是根据不同云层的物理特性，选择合适时机，用飞机、火箭向云中播撒干冰、碘化银、盐粉等催化剂，使云层降水或增加降水量，以解除或缓解农田干旱、增加水库供水能力或增加发电水量等。1987 年，在扑灭大兴安岭特大森林火灾中，人工降雨发挥了重要作用。

飞机被大量运用在战场始于二战时期，当飞机进入高空，遇到冷空气时，机翼上就会出现结冰现象。在发现机翼结冰这一怪现象后，著名科学家欧文·兰米尔博士被聘请来解决这个问题。当时，年轻的谢弗尔是兰米尔的助手，他随同兰米尔博士来到大雪纷飞的新罕布什尔山区做实验。在这里，他们发现周围云层的温度虽然经常低于冰点，但云中的水分却并不结冰，也未形成雨或雪，这个现象引起了谢弗尔浓厚的兴趣。

在当时，雨雪形成的根本原因不为人所知。谢弗尔激动地对兰米尔博士说："兰米尔先生，如果我们能弄清楚雨雪形成的原因和条件，就可以进行人工造雨了。"听到助手的话，兰米尔博士很激动地说："不错，到现在为止，我们还不明白雨雪形成的真正原因。不过，最新的观点认为，水滴是凝聚在灰尘或其他物质的细小颗粒周围的。如果没有这细小的内核，便无法形成水滴，更不用提人工降雨了。"

当时，已经有人做了这方面的实验，可是结果并无定论。基于这种情况，谢弗尔决心把雨雪形成的原因弄清楚。首先，他用一部能够制造类似云中冷湿气体的机器进行了实验，并且往里面投入各种诸如粉尘、盐、泥土、糖之类的物质，期望能看见水滴的形成。然而，凡是谢弗尔能想到的材料都试过了，实验的结果却总让人失望。

谢弗尔并没有因此而放弃自己的研究，一个闷热的夏日，谢弗尔冒着酷暑继续在制冷器中做实验。到了午饭时间，谢弗尔和平时一样，敞着冷冻机的盖子就离开了。等吃过午饭后，谢弗尔又回到制冷器前。他看了看冷冻箱的温度，"唉，温度怎么上升了？"

他略一沉思，然后恍然大悟：原来，冷冻机的盖子没有盖上，受到周围热空气的影响，冷冻箱的温度自然也上升了。但是，为了继续进行实验，必须迅速降低温度。于是，他向制冷器内投入了一些干冰降温。在投入干冰的同时，谢弗尔正好向制冷器内哈了一口气。就在这时，奇怪的现象出现了：制冷器内，在他的哈气中，谢弗尔看见一些细小的碎片在闪闪发亮，他立即就明白了：这正是他寻觅已久的晶体。接下来的实验里，他不停地向制冷器内哈气，与此同时投入大量的干冰，这时立刻可以看到冰的晶体变成了小小的雪花飘荡起来。实验成功了！

❖ 雪花

谢弗尔激动地告诉兰米尔："我制成人造雪花了！"兰米尔也非常高兴："既然在实验室可以制成雪花，那么我们就可以到空中试试。"

于是，他们就像天真的孩子盼望圣诞节一样，热切地盼望着冬季的降临，因为只有在寒冷的冬天，温度才足够低。

盼望着，盼望着，冬天终于到了。这一天，天上飘着云彩，户外天气很冷，但没有雪花。于是，谢弗尔驾着一架飞机，在云层上方撒下大量的干冰。留在地面观察的兰米尔，密切地注视着天空。忽然，他看见无数的雪花飘飘洒洒地从天而降，这些雪花落在他的脸上化成了水滴。

就这样，谢弗尔发明的干冰人工造雨方法，将呼风唤雨从一个古老的神话变成了活生生的现实，并指导着人们的生产实践。

Great Inventions

电池 —— 电也能储存起来

电池是指能将化学能、内能、光能、原子能等形式的能直接转化为电能的装置。最早的电池可以追溯到两百年以前意大利物理学家伏特发明的伏打电池，它使人们第一次获得了比较稳定而持续的电流，具有划时代的意义。法拉第用这种电池发现了电解定律，早期的电弧灯、电动机、电报等新技术都是用它来作为能源的。所以说，电池的发明对近代科学技术的发展有着巨大的促进作用。

大家都知道电灯、电话、电视机、电脑等电器的发明为我们的工作和生活提供了便利，现在还有电动的交通工具，比如电动自行车、电动摩托，甚至是电动汽车等。这些电器的使用都需要电源，而电池就是所有电源中最方便的。假使没有电池，有些电器就不能随时随地使用，就会失去使用的功能。

既然电池对我们的工作和生活十分重要，那么它的发明过程又是怎样的呢？当中又有怎样的曲折呢？接下来就一起看看吧！

我们先从一只神秘的瓶子讲起。70多年前，在伊拉克的首都巴格达附近的小村庄里发现了一只数千年前的粘土瓶，它有一根插在铜制圆筒里的铁条，神奇的是这只瓶子能够储存静电，这可以看做是人类最早对电池的实践。

意大利生物学家伽伐尼教授是位解剖专家，操起手术刀来游刃有余，把一只只青蛙整治得十分妥贴。当他的妻子也试着

❖ 意大利解剖学家伽伐尼的肖像

用刀尖去拨弄一条蛙腿时，死蛙突然颤抖了几下。"啊呀，青蛙又活了。"伽伐尼教授赶紧走过来，他用铜钩把蛙腿挂在花园里的铁栅上，遇到雷雨天气时，蛙腿就会颤动。不过这种奇怪的颤动有时在大晴天里也可以看到，这又是为什么呢？伽伐尼教授百思而不得其解。

❖ 蓄电池

六年后，伽伐尼教授偶然得知当地土著人利用电鳗来治疗风湿痛。伽伐尼教授顿觉眼前闪过一道亮光，六年前的往事又历历在目。青蛙体内本身就储藏着电。为了证实自己的想法，1786 年 9 月 20 日伽伐尼做了这样的实验：他用铜钩勾住蛙腿，平放在玻璃板上，再用一根细长的弯铁杆，一端去接触铜钩，另一端去碰蛙腿，果然看到了蛙腿会颤动，但是换一根玻璃弯杆去实验，青蛙却一点也不会动。这样就更证实了自己的设想，动物体内存在着"动物电"，金属弯杆只是起着一种传导作用。

可是一名叫伏打的电学界新秀却不那么认为。伏打是一个脚踏实地的人，他并不去理会众说纷纭，决心要让事实来说话。他闭门谢客，经过七年含莘茹苦的钻研，在"接触电"的研究上取得了重大的突破。他发现了一种金属序列：铝、锌、锡、镉、铅、锑、铋、汞、铁、铜、银、金、铂、钯等。把两种金属接触，序列中排在前的金属带正电，排在后的金属带负电，这个序列称为伏打序列。更有意思的是用一根导线把两片不同的金属片联起来，再把两片金属片浸入到电解液里，线路里就会产生电流。

最后他提议把自己发明的电池称为"伽伐尼电池"，以此来表达自己的感激之情。他说："没有他的启发，我是不会获得今天的成就的，我永远感激他，我们永远不可忘记他。"

1836 年，英国的丹尼尔对"伽伐尼电池"进行了改良。他使用稀硫酸做电解液，解决了电池极化问题，制造出第一个不极化、能保持平衡电流的锌—铜电池，又称"丹尼尔电池"。1860 年，法国的普朗泰发明出用铅做电极的电池，这种电池的独特之处是，当电池使用一段时间，电压下降时，可以给它通以

划时代的进步，来自于奇妙变化

Great Inventions

反向电流，使电池电压回升。因为这种电池能充电，可以反复使用，所以称它为"蓄电池"。

然而，无论哪种电池都需在两个金属板之间灌装液体，因此搬运很不方便，特别是蓄电池所用液体是硫酸，在挪动时很危险。于是，1887年，英国人赫勒森发明了最早的干电池。干电池的电解液为糊状，不会溢漏，便于携带，因此获得了广泛应用。

但此时的蓄电池使用时间短，因此，人们管它叫"短命蓄电池"。

爱迪生——这位已经知名的科学家开始着手研究如何延长电池的寿命了。他经过反反复复的实验、比较、分析，最终确认病根出在硫酸上。因此，治好病根的方案就是用一种碱性溶液代替酸性溶液，然后找一种金属代替铅。问题看起来很简单，只要选定一种碱性溶液，再找一种合适的金属就行了，然而，做起来却非常困难。

爱迪生和其助手们在三年时间内，试用了几千种材料，做了四万多次的实验。1904年，爱迪生用氢氧化钠溶液代替硫酸，用镍、铁代替铅，制成了世界上第一块镍铁碱电池。

❖ 干电池

为了检验新蓄电池的耐久性和机械强度，他想出了一个方法，就是用新电池装配六部电动车，叫司机每天将车开到崎岖不平的路面上跑100英里；并且将蓄电池从四楼高处往下摔以实验新蓄电池的机械强度。

到1909年，爱迪生经过对电池不断改进后，终于成功研制出了性能良好的电池，也就是镍铁碱电池。

人们为了纪念爱迪生，称镍铁碱电池为"爱迪生蓄电池"。1896年，美国开始批量生产干电池。1911年，我国开始建厂生产干电池和铅酸蓄电池。1980年，我国干电池的生产产量超过了美国并且跃居世界第一。如今，人们对电池的研究更加深入了，并且把环保理念运用到了电池的生产过程中。

Great Inventions

纳米技术——
材料技术革命的新时代

当前纳米技术的研究和应用范围十分广泛。用纳米材料制作的器材重量更轻、硬度更强、寿命更长、维修费更低、设计更方便。运用纳米技术能把存在于自然界的空气、水、无机物质组装成人类生活所需要的各种各样的物品，如粮食、纤维、各种微型机器人、计算机等等，纳米技术已经对人们的日常生活产生了重大影响。

纳米材料具有传统材料所不具备的奇异或反常的物理、化学特性，如原本导电的铜到某一纳米级界限就不导电，原来绝缘的二氧化硅、晶体等，在某一纳米级界限时开始导电。

在几年前，纳米技术在科学技术领域还是只有极少人知道的秘密。随着纳米技术的广泛运用，纳米这个词已逐渐成为大家耳熟能详的一个流行语。

纳米技术的灵感，来自于已故物理学家理查德·费曼1959年所作的一次题为《在底部还有很大空间》的演讲。

❖ 纳米效应

这位当时在加州理工大学任教的教授向同事们提出了一个新的想法。从石器时代开始，人类从磨尖箭头到光刻芯片的所有技术，都与一次性地除去或者融合数以亿计的原子以便把物质做成有用的形态有关。费曼质问道，为什么我们不可以从另外一个角度出发，从单个的分子甚至原子开始进行组装，以达到我们的要求呢？他说："至少依我看来，物理学的规律不排除一个原子一个原子地制造物品的可能性。"

IBM 的宾尼格和洛勒发明了扫描隧道显微镜。这种显微镜的功能十分强大，还可以用它在物体表面上刻划纳米级的细微线条，搬运一个个原子和分子，这就为实现人们长期追求的直接观察和操纵一个个原子和分子的愿望提供强有力的工具。这一技术为人类进入纳米世界奠定了基础。

❖ 美国物理学家理查德·费曼

短短几年内，纳米技术就得到了科学界和政府的高度重视，并很快从理论实验阶段转入了实际生产的环节。

纳米技术的发展将使人类社会、生存环境和科学技术本身变得更美好。近年来，一些国家纷纷制定相关战略或者计划，投入巨资抢占纳米技术战略高地。日本设立纳米材料研究中心，把纳米技术列入新五年科技基本计划的研发重点；为加快纳米技术的发展，2010 年 7 月，美国在国家纳米技术的发展规划（NNI）下又提出了《2020 及未来纳米电子器件发展》这一子计划；俄罗斯希望与中国扩大在纳米技术领域的合作，目前双方正积极寻求在这个领域的合作模式和途径。

科学家预言，未来纳米科技的应用将远远超过计算机工业。可见，纳米时代的到来并不遥远。纳米技术正在改变着我们的日常生活，并将对人类产生深远的影响。

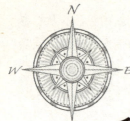

Great Inventions

针灸——小小银针
和艾绒，让瘫痪的人站起来

针灸是中国特有的治疗疾病的手段，是一种"从外治内"的治疗方法，享有"中国最古老、最神奇的医疗之术"的美誉。它操作简单、疗效迅速，并且没有副作用。针灸对关节炎、高血压、心脏病、腹痛、耳聋等病症都有很好的疗效，这根小小银针能使聋哑人恢复听觉，也能让瘫痪的病人站立起来。针灸疗法是祖国医学遗产的一部分，它为人类的健康作出了积极的贡献。

孜孜以求，呵护人类生命健康 *Great Inventions*

针灸是针法和灸法的合称。针法是把银针按一定穴位刺入患者体内；灸法则是用点着的艾绒，按一定穴位熏灼皮肤。二者都可有效地治疗疾病。小小银针和艾绒，竟有如此神奇的功效。

针灸疗法最早见于战国时代问世的《黄帝内经》一书。《黄帝内经》中详细描述了针具的形制，并大量记述了针灸的理论与技术。

大约在新石器时代，人们已能够制作出一些比较精致的、适合刺入身体以治疗疾病的石器，这种石器就是最古老的医疗工具砭石，人们用"砭石"刺入身体的某一部位来医治病痛。在当时，砭石常用于外科化脓性感染的切开排脓。可以说，砭石是后世刀

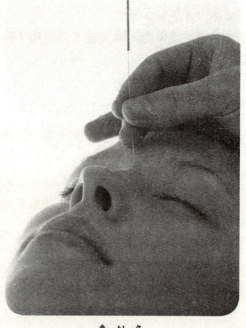

❖ 针灸

针工具的基础和前身。

灸法产生于火的发现和使用之后。在用火的过程中，人们发现身体某部位的病痛经火的烧灼、烘烤可得以缓解或解除，继而学会用兽皮或树皮包裹烧热的石块、砂土进行局部热熨，然后逐步发展到以点燃树枝或干草烘烤身体部位来治疗疾病。经过长期的摸索，人们选择了易燃而具有温通经脉作用的艾叶作为灸治的主要材料。灸法通过对身体局部进行温热刺激来治疗疾病，这使灸法和针刺一样，成为防病治病的重要方法。由于艾叶具有易于燃烧、气味芳香、资源丰富、易于加工贮藏等特点，因而它成为了最主要的灸治原料。

以后"砭而刺之"渐发展为针法，"热而熨之"渐发展为灸法，这就是针灸疗法。针灸还与我国传统中医的穴位相辅相成，两者结合，为我国的中医事业作出了巨大的贡献。

针灸的特别用处

针灸不仅可以为人服务，它还可以对付动物。日本人曾为保证牛肉的鲜美，给肉牛每日按摩；为让宠物狗身材苗条，带着宠物狗一起跳桑巴舞。如今，日本人再次创新：为做出世界上最美味的寿司，他们竟给金枪鱼做针灸。

日本大阪的一家公司日前在日本国际海产品展示会上展示了给金枪鱼做针灸的技术，并已申请了专利。该公司表示，这项技术基于"金枪鱼平静死亡时的味道要比不安时死亡的味道更好"的原理。结果，金枪鱼在接受了短暂的针灸治疗后，血液变得更纯净，鱼肉变得更鲜美。

实际上，在当今社会，用针灸治疗或辅助治疗疑难病症也渐显苗头，如小剂量药物穴位注射治疗萎缩性胃炎，火针治疗慢性骨髓炎，舌针治疗脑性瘫痪、帕金森氏症等。由此可见，针灸这一有效的治疗方式还有更大的潜力值得我们发掘！

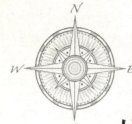

Great Inventions

牛痘疗法——
挤奶工为什么没有染上天花

"天花"是一种恶性疾病，曾经在很长的一段历史时期内成为困扰医学界的难题，人们一度谈"天花"色变。然而"牛痘疗法"的出现，使得人们在治疗"天花"的历史上书写了新的篇章，取得了重大的突破，因为这种疗法彻底治愈了"天花"。1980年，世界卫生组织曾在内罗毕庄严宣告："天花已经在世界上绝迹"。

那么，究竟什么是天花呢？

"天花"是由天花病毒引起的一种烈性传染病，在以前由于无药可治，患者在痊愈后脸上会留有麻子，"天花"由此得名。天花病毒抵抗力较强，能对抗干燥和低温，在痂皮、尘土和被服上，可生存数月至一年半之久。18世纪死于此病者达1.5亿人以上。

天花的危害如此之大，于是人们下决心攻克这种疾病。人们经过不断的探索研究，终于找到了对付天花的好方法——牛痘医疗法。下面，就让我们来了解一下牛痘疗法。

1749年5月17日，英国医生爱德华·琴纳生于英国的格洛斯特。琴纳长大以后，立志学医。勤奋的琴纳学成之后回到自己的故乡开设了一家医院。当时，防治天花是医学上的一个重要课题，那时天花是人类疾病中最可怕的一种。天花患者的死亡率很高，而幸存者也大都变成了麻子，许多人一谈到天花就浑身颤抖，有人甚至认为，与其变成麻脸，倒不如死去。

每年发生好几次天花使琴纳感到难以应付，眼看病人痛苦地死去自己却毫无办法，他很是难过。可是琴纳在病人中发现只要得过一次天花，皮肤上留下疤痕的人再也不会得第二次天花。而且，患天花的尽是地主、神甫和农民，

孜孜以求，呵护人类生命健康

Great Inventions

那些从事挤牛奶工作的姑娘却一次也没有得过天花。他曾听说过家乡格洛斯特广泛流传的一种说法，即牛痘和天花是不能同时并存的。琴纳细想，自古以来挤奶姑娘和牧牛姑娘都漂亮，她们没有麻脸。那么，牛痘和天花又有什么关系呢？牛痘真能预防天花吗？琴纳决心要解答这一连串的问题。

通过 20 多年的刻苦钻研，他发现几乎所有的奶牛都出过天花，而挤奶姑娘和牧牛姑娘在和牛打交道的过程中，因感染上牛痘而具有抵抗天花的防疫力了。原来只要患过一次天花不死，就能在身体内部获得永久对抗天花的防护力量。琴纳决定给人们进行人工接种来预防天花。

1796 年 5 月 17 日，琴纳在他的候诊室里把从牛痘疮疹取出的浆液，接种到一个小男孩的身上。两个月后，他给这个男孩接种真正的天花浆液。结果那个男孩没有感染上天花。为了慎重起见，琴纳还想再重复一次这个实验。1798 年，琴纳又找到一位

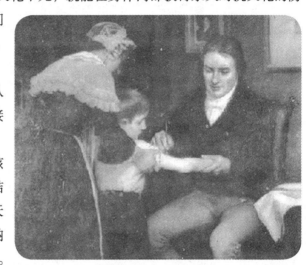

❖ 琴纳在接种牛痘

牛痘患者，重复的实验也获得了成功。琴纳这才发表了自己的报告，宣布天花是可以征服的。

为了鼓励种痘，1803 年英国成立了皇家琴纳协会，由琴纳任会长。自当天起，天花所引起的死亡在 18 个月内就下降了三分之二。1807 年，德国实行义务种痘制，之后俄国也开始接受牛痘疗法。1813 年，琴纳被推举为伦敦医科大学的教授候选人，自此，种痘在欧洲迅速传开了。

1823 年 1 月 24 日，爱德华·琴纳去世，终年 74 岁。战胜天花只不过是琴纳功绩的一部分，他的更重要的功绩在于发现了预防疾病的小法，他是人类历史上最早成功地对疾病进行预防的人。他利用人体可以产生免疫这一人类自身的机能，实现了对疾病的预防，从而成功地开辟了免疫学这个新领域，并为此奠定了一定的基础。

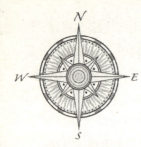

Great Inventions

听诊器 —— 医学小喇叭

现代医学始于听诊器的发明。听诊器是内外科医生最常用的诊断用具，它就像一个可以探听病情的小喇叭。它是一种简单实用的医疗器械，其作用不可忽视。听诊器发明至今，虽然它的外形及传音的方式在不断地改进，但是其基本结构没有太大的变化，主要由拾音部分（胸件）、传导部分（胶管）及听音部分（耳件）构成。

世界上第一个听诊器的发明距今已有一百多年的历史了。1816 年的一天，在法国巴黎一个豪华的住宅里，著名的医生雷内克给一个尊贵的小姐看病。雷内克医生在听完病人的病情介绍后，怀疑她患的是心脏病。他心想，要是能听一下小姐的心脏跳动就好了。但是病人是一位年轻的贵族小姐，按照当地的传统，直接用耳朵听显然不合适。

这时，雷内克医生想起了前几天他遇到的事情：在巴黎的一条街道旁，堆放着一堆修理房子用的木材。几个孩子在木料堆上玩耍，其中有个孩子用一颗大钉敲击一根木料的一端，他叫其他的孩子用耳朵贴在木料的另一端来听声音。雷内克医生被孩子们的玩耍吸引住了，于是他就一心一意地看起了这几个孩子，竟然不知不觉地站着不走了。过了很长时间，他才兴致勃勃地走了过去，想借孩子们的游戏来听听这其中的声音。他把耳朵贴着木料的一端，认真地听孩子们用铁

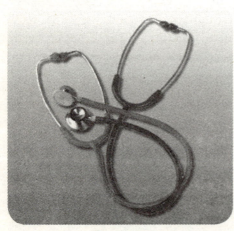

❖ 听诊器

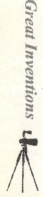

孜孜以求，呵护人类生命健康 *Great Inventions*

钉敲击木料的声音。"听到了吗？先生。""听到了，听到了！"受此启发，雷内克医生灵机一动，马上叫人找来一张厚纸，将纸紧紧地卷成一个圆筒，一头按在小姐心脏的部位，另一头贴在自己的耳朵上。果然，小姐心脏跳动的声音，连同其中轻微的杂音都被雷内克医生听得一清二楚。他确诊了小姐的病情，一会儿便开好药方。

雷内克医生回家后，马上找人专门制作了一根空心木管，为了便于携带，他将其剖分为两段，有螺纹可以旋转连接，这就是世界上第一个听诊器。它与现在产科用来听胎儿心音的单耳式木制听诊器很相似，因为这种听诊器的样子像笛子，所以被称为"医生的笛子"。这其中蕴含着什么原理呢？原来声音的发出是源于物体的震动，然后通过空气传入耳朵。声音在空气中传播时是向四面八方传播的，雷内克用"听诊器"将声音"聚集"到一起，听起来的效果就好多了。雷内克由此发明了木质听诊用具，并将之命名为听诊器。后来，雷内克医生又做了许多实验，最后确定，用喇叭形的象牙管接上橡皮管做成单管听诊器，效果更好。

听诊器的发明使得雷内克能诊断出许多不同的胸腔疾病，他也因此被后人尊为"胸腔医学之父"。

1840 年，英国医师卡门改良了雷内克设计的单耳听诊器，做成了双耳听诊器。他发明的听诊器是将两个耳栓用两条可弯曲的橡皮管连接到可与身体接触的听

❖ 电子听诊器

筒上。这种听诊器有助于医师听诊静脉、动脉、心、肺和肠内部的声音，甚至可以听到母体内胎儿的心音。

1937 年，一个名叫凯尔的人改良了卡门的听诊器，增加了第二个可与身体接触的听筒，能产生立体音响的效果，称为复式听诊器。它能更准确地找出病人的病因所在，可惜凯尔的改良品未被广泛采用。

近年来，又有电子听诊器问世，它能放大声音，并能使一组医师同时听到被诊断者体内的声音，还能记录心脏杂音，以便与正常的心音进行比较。

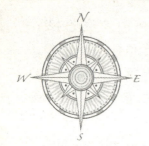

Great Inventions

心电图仪——
心脏活动的记录者

孜孜以求，呵护人类生命健康

Great Inventions

> 心电图仪能将心脏活动时心肌激动产生的生物电信号自动记录下来，是临床诊断和科研常用的医疗电子仪器。心脏病专家可以凭心电图诊断心搏、心房和心室是否正常，从而确诊胸痛是心脏病还是其他疾病。近20年来，随着微电子学、遥控技术、电脑和导管介入技术的广泛应用，各种研究心电信息的新型设备不断问世，心电图技术为人类健康作出了巨大的贡献。

自1903年心电图仪发明以来距今已有一百多年的时间了，随着时间的流逝，心电图仪也在不断为医学工作者所改进。那么最初的心电图仪是怎样发明的呢？

心电图仪的发明者是荷兰医学家威廉·爱因托芬。他于1860年5月21日生于三宝垄，他家在荷属南洋，即今日的印度尼西亚。爱因托芬小时候是由一个叫洪妈的中国保姆带大的。

爱因托芬四岁那年跟随洪妈来到上海，在上海的法量公学读小学，他还在广东新会居住了半年，总计在中国生活了六年。后来深受爱因托芬喜爱的洪妈因患有严重的心脏病而在病痛中离世，由此他陷入了深深的悲痛之中，发誓一定要学好医学，专门研究夺去洪妈生命的心脏病。

长大后，爱因托芬考入荷兰的马特列克大学，学习心脏病的治疗并师从医学家杜德。在德国一位科学家的启示下，他认识到既然青蛙的心脏会产生电流，那么人体的心脏也能产生电流。在这种想法的驱使下，爱因托芬开始着手设计一种能够记录下电流的设备，利用此设备可以诊断心脏跳动的情况是否正常。

爱因托芬为了这项研究能够成功，还专门转到物理系读书，学习了电学的系统知识。他在研究中观察到心脏在收缩前都会有电流发出，电流在体表不同的部位之间会形成电压。经过多年的努力，1903年，爱因托芬终于成功研制了心电图仪。他当时已经是生物医学工程的"先行者"了，然而他自己不确定心电图是否一定会有助于他对心脏的研究。

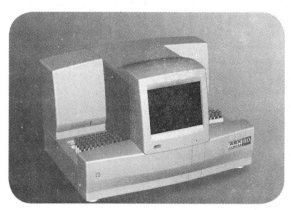

❖ 心电图仪

一次，莱顿大学附属医院来了一位病重的心脏病患者，医生们束手无策。由于这位病人的心脏跳动太轻微了，医生根本无法测定，为此也无法对病人的病情进行诊断。这时爱因托芬在一旁说道："我试试看！"说着他拿出自己制造的心跳记录仪并把它连接于患者身上。结果，他测出了病人的心跳。因为用电流计来计量心跳即使极轻微的跳动也能测得非常准确。

后来，人们发现在临床上这种仪器有很强的实用性，对心脏病的诊断，特别是早期心脏病的诊断，效果十分明显。从这以后，心电图仪走进了世界各大医院，并逐渐普及到乡村的医疗诊所。

心电图仪纪念邮票

1924年，爱因托芬因发明心电图仪获得诺贝尔医学奖，并被尊称为"心电图之父"。

1927年墨西哥为该年"世界卫生日"的主题"心脏，健康的中心"发行了一枚纪念邮票，主图中留胡子的老人就是发明心电图仪的爱因托芬。

在有关心脏健康的专题邮票中，心电图也成了最有典型意义的设计。以色列曾发行过出口的电子产品心电图仪的邮票，图案有心电图仪与放大了的心电图。奥地利还发行过一枚心电图监视器，医生应用该仪器可以持续地为心脏病人做心电监视。

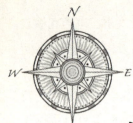

Great Inventions

CT 扫描仪——

能够识别病魔的火眼金睛

> 　　CT 扫描仪的发明，被认为是 20 世纪医学诊断领域所取得的最重大突破之一。它是在电子计算机的应用普及和 X 射线被发现的基础上获得的。有了电子计算机，有了 X 射线的断层摄影技术之后，CT 发明者就将它们巧妙地结合在一起。这是一项典型的"1+1=2"式的发明。

让　我们来了解一下 CT 扫描仪吧。

今天，如果有人身体不适到医院检查，特别是患脑部疾病，医生常常会让患者做一个 CT 检查一下。这种检查方式不仅方便、直观、准确，而且为人们普遍接受。CT 究竟是什么呢？它是如何发明的呢？

英国科学家豪斯菲尔德是 CT 扫描仪的直接发明者。但是，CT 扫描仪的发明过程却凝聚着数位科学家的心血。

1895 年，德国科学家伦琴发现了神奇的 X 射线，自从 X 射线发现后，医学上就开始用它来探测人体疾病。但是，由于人体内有些器官对 X 射线的吸收差别极小，因此 X 射线对那些前后重叠的组织的病变就难以发现。于是，美国与英国的科学家开始寻找一种新的东西来弥补用 X 射线技术检查人体病变时产生的不足。

1963 年，美国物理学家科马克发现人体不同的组织对 X 射线的透过率有所不同，在研究中还得出了一些有关的计算公式，这些公式为后来 CT 的应用奠定了理论基础。与此同时，另一位在英国的电子工程师豪斯菲尔德，也在不同的岗位思考着同一个问题：能否把 X 镜与电子计算机结合在一起。虽然距离遥远，他们的心却贴得很近，不谋而合地把两种机器结合在一起！

豪斯菲尔德首先研究了模式的识别，然后制作了一台能加强 X 射线放射源的简单的扫描装置，即后来的 CT，用于对人的头部进行实验性扫描测量。后来，他又用这种装置去测量全身，获得了同样的效果。经过多年的刻苦钻研，1969 年，世界上第一台电子计算机控制的 X 射线扫描机，即 CT 机诞生了。这种机器能将人体内要检查的部位，分成数以万计的小点点，再通过 X 射线显像机，把人体内的 5 ～ 10 毫米的病体都一一"照"出来。人体的脑、心脏、肝脏等器官，任何有病变的"蛛丝马迹"都难逃 CT 机的"火眼金睛"。

1971 年 9 月，豪斯菲尔德又与一位神经放射学家合作，在伦敦郊外一家医院安装了他设计制造的这种装置，开始了头部检查。10 月 4 日，医

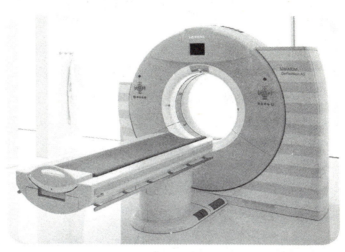

❖ CT 机

院用它检查了第一个病人。患者在完全清醒的情况下朝天仰卧，X 线管装在患者的上方，绕检查部位转动，同时在患者下方装一个计数器，使人体各部位对 X 线吸收的多少反映在计数器上，再经过电子计算机的处理，使人体各部位的图像从荧屏上显示出来。这次实验非常成功。

1972 年 4 月，豪斯菲尔德在英国放射学年会上首次公布了这一结果，正式宣告了 CT 的诞生。这一消息引起科技界的极大震动，CT 的研制成功被誉为自伦琴发现 X 射线以后，放射诊断学上最重要的成就。因此，豪斯菲尔德和科马克共同获得了 1979 年诺贝尔医学奖。从此，放射诊断学进入了 CT 时代。

CT 机是医生的得力助手，CT 扫描仪好像是一面"照妖镜"，使得癌症这种"妖魔"现出原形。如今，第五代 CT 机已经产生，检查"诊断"只需几秒钟，而且分辨率也已大大提高。

Great Inventions

杂交水稻——为了这一天，他整整奋斗了21年

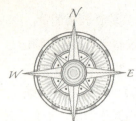

对于中国这样一个拥有 13 亿人口的超级人口大国来说，吃饭问题显然是一个关系国计民生的大问题。被誉为"杂交水稻之父"的袁隆平，其科研成果"杂交水稻"不仅在很大程度上解决了吃饭问题，而且也被认为是解决 21 世纪世界性饥饿问题的法宝。国际上甚至把杂交水稻当做中国继四大发明之后的第五大发明。

孜孜以求，呵护人类生命健康

Great Inventions

"杂交水稻"之父袁隆平是新中国成立之后的第一代大学生。20 世纪 50 年代，他从西南农学院毕业后，便来到位于湘西雪峰山的一个普通农校当老师。

❖ 新中国成立初期的水稻

1960 年，我国发生了全国性的大饥荒，袁隆平和他的学生们也同样面临着饥饿的威胁。

有一次，他带着 40 多名农校学生，到黔阳县硖州公社秀建大队参加生产劳动。一天，房东老向冒雨挑着一担稻谷回来。他告诉袁隆平，这是他从另一个村子换来的稻种。

"为什么要换稻种呢？"袁隆平问。

"那里是高坡敞阳田，谷粒饱满，产量高。施肥不如勤换种啊。"老向说，"去年我们用了从那里换来的稻

种，田里的产量提高了，今年就没有吃国家的返销粮。"

面对饥荒，老乡们不是坐等国家救济，而是主动想办法提高产量，袁隆平很受感动。

他从这件事上得到很大启发：改良品种，提高产量，对于战胜饥饿有重大意义。他想，自己除了教好课，还要在农业科研上做出些成绩来，为老乡们培育出高产量的好种子。

最初，袁隆平按照米丘林"无性杂交"理论进行水稻实验，但令人失望的是，这次实验没有得到任何有意义的结果。于是，他对国际

❖ 杂交水稻

流行的水稻没有杂交优势的学说产生了质疑，继而转向对当时被批判的孟德尔、摩尔根遗传基因等学说进行探索，这种质疑权威的做法在当时是需要很大勇气的。

四年之后，一株优势非常强的天然杂交水稻被袁隆平偶然发现，在高兴的同时，他似乎从中也想到了什么。他设想：我也许可以利用水稻雄性不育性，培育出不育系、保持系、恢复系"三系"，通过配套方法，来代替人工雌雄杂交，生产杂交种子。他通过实验，撰写了一篇名为《水稻的雄性不孕性》的论文，并在1966年中国科学院出版的《科学通讯》第4期上发表，该篇论文对进行杂交水稻研究具有开创性的重大意义。

在风风雨雨中走过了九年之后，袁隆平和同事们终于迎来了收获的季节。他们不仅培育成适合在长江流域种植的优质、高产的双委早稻组合，还选育了超高产亚种间苗头组合。这种苗头组合达到了每公顷年产量100公斤的超高产指标，提前六年完成了国际水稻研究所制定的超级稻育种计划。

从此，杂交水稻开始了大规模的种植，袁隆平和他的杂交水稻一起蜚声国际。

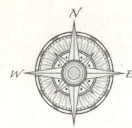

Great Inventions

试管婴儿——
人类生殖技术的重大创举

> 试管婴儿技术的发展对人类的影响极其深远。科学的精神在于为人类的健康和幸福而努力，试管婴儿技术让患有生育障碍的夫妇拥有遗传学意义上的亲生孩子，帮助很多夫妇实现了他们的梦想，让他们有了自己爱情的结晶，享受到了为人父母的天伦之乐。

试管婴儿的研究有着漫长的历史。1947 年，英国《自然》杂志报告了将兔子的受精卵细胞回收转移到别的兔子体内，借腹生下幼兔的实验。1959 年，美籍华人生物学家张民觉把兔子交配后的精子和卵子回收，使其在体外受精结合，而且他还将受精卵移植到别的兔子的输卵管内，借腹怀胎，生出了正常的幼兔。这次实验使张民觉成为体外受精研究这一领域的先驱。

几十年前，英国的约翰·布朗和妻子莱斯莉结婚以后，长期不能生育。曼彻斯特市奥德姆总医院的妇科医生帕特里克·斯特普顿为他们仔细检查和分析后发现，布朗夫人的卵巢是健康的，排出的卵细胞也是成熟的，唯一的障碍就是没有进入子宫的通道。

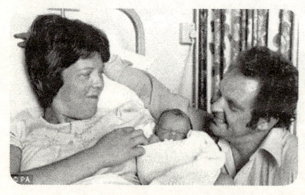

❖ 布朗夫妇和刚出生的孩子

得到这些结果后，一个大胆的想法浮现在斯特普顿的脑海：如果将布朗夫人体内成熟的卵细胞取出来，让它在母体之外进行人工授精，成为受精卵，然后再送回到子宫里发育，不就可以成功地孕育出新生命了吗？

于是，在征得布朗夫妇同意之后，剑桥大学生理学家罗伯特·爱德华教授便与斯特普顿合作，开始他们的奇妙工作。

可想而知，这项工作是非常复杂的。首先，他们用腹腔内窥镜从布朗夫人的卵巢中取出成熟的卵细胞，放置在特制的培养液中，然后用布朗先生的精子进行体外授精，并不断更换培养液。直到受精后的第六天，受精卵开始进行细胞分裂，最终发育成一个多细胞的胚胎。接下来，斯特

❖ 路易斯·布朗

普顿医生又将这个胚胎放回到布朗夫人的子宫内膜上。胚胎在嵌入子宫内膜并得到母体的营养后，继续生长、发育。

经过正常妊娠，布朗夫人终于在 1978 年 7 月 25 日 23 时 47 分以剖腹产的形式成功产下一个女婴，并起名为路易斯·布朗。由于小路易斯形成胚胎的最初过程是在试管里进行和完成的，所以她就被称为世界上第一例"试管婴儿"。

1992 年，由比利时的帕勒莫医师及刘家恩博士等首次在人体成功应用卵浆内单精子注射，使试管婴儿技术的成功率得到很大的提高，国内医学界将之称为第二代试管婴儿技术。这项技术不仅提高了成功率，而且使试管婴儿技术适应范围得以扩大，可适于男性和女性不孕不育症。第二代技术发明后，世界各地诞生的试管婴儿迅速增长。

近年来，随着分子生物学技术的发展，在人工助孕与显微操作的基础上，胚胎着床前，遗传病诊断开始发展并用于临床，使不孕不育夫妇不仅能喜得贵子，而且能优生优育，这被称为第三代试管婴儿技术。

现在，世界范围内有数以百万计的试管婴儿。

随着社会的进步，试管婴儿技术还会继续发展，而且技术会更完善，成功率也会更高，并且可以更好地为人类的健康和幸福服务。

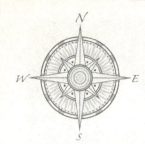

Great Inventions
人造血液——
没有血型的万能血

人造血液，全称是全氟碳人工血液。全氟碳化物是一种化学和生物惰性物质，具有高气溶性，在血管内可借氧和二氧化碳分压的高低进行弥散，因此可起到携氧和排二氧化碳的作用。人造血液现已应用于临床，很多时候能使重症病人转危为安。

孜孜以求，呵护人类生命健康 *Great Inventions*

1979年，一种新型的氟碳化合物乳剂作为人造血液，首次在日本应用于人体单肾脏移植手术，并取得成功。

这个手术的背后有这样一个故事：一位61岁的日本老人因患胃溃疡，吐了大量的血。医生准备给他动手术，手术前需要给病人输血。可这位病人的血型很罕见，医院里根本找不到这种血型的血浆。眼看病人的生命危在旦夕，主持手术的内藤良一医生在思考片刻后，决定把1000毫升的某种白色液体注射到病人体内，然后进行手术。结果出人意料，患者的病情竟奇迹般地好转了。

这种白色液体就是人造血浆。说起它的发明还有一个有趣的故事呢。

1966年，美国亚拉刀马大学医学中心的克拉克教授和他的助手们正在紧张地做一项生物化学实验。突然，其中一位助手轻轻地叫了一声，原来他把一只实验用的老鼠给掉进了装有溶液的容器里了。但是，由于当时大家都正忙着，所以谁也没有注意到这个事故。

实验结束后，克拉克教授无意间看了一下那个盛有溶液的容器。他突然发现那只玻璃容器里的老鼠正在溶液里游来游去，非常活跃。克拉克教授出于好奇便检查了那只容器，他发现里面装的是麻醉用的氟化碳溶液。一般情况下，老鼠掉进溶液里都得淹死，可这只掉进氟化碳溶液里的老鼠怎么能活这么长的时间呢？带着这个疑问，克拉克教授进行了仔细的研究，他发现氟碳化合物能够释放和溶解二氧化碳和氟气，老鼠正是靠着氟化碳的这个特性活下来的。克拉克教授没有停留于此，他进一步思索：在血液里，红血球起着运载二氧化碳和输送氧气的任务，既然氟碳化合物也具有同样的作用，能不能用它来代替人血呢？于是，他大胆地提出了自己的设想，并且很快发表了这个研究结果。

日本医学工作者内藤良一对克拉克的研究十分感兴趣，他专程拜访了克拉克。回国以后，他立刻开始了利用氟化碳制造人造血的研究。功夫不负有心人，经过十几年的艰苦工作，内藤良一和他的同事们终于成功研制出了这种乳白色的"人造血"。它的发明对人类医学事业的发展有重大意义。

❖ 实验室里的人造血液

1980 年 8 月，我国科学家也成功研制出人造血液，它是氟碳化合物在水中的超细乳状液。近几年，随着我国人造血液行业的发展，人造血液生产核心技术应用与研发成为业内企业关注的重点。

人体血型

人体血型是一种遗传性状，它以血液抗原形式表现出来。

人体血型从狭义上讲，专指红细胞抗原在个体间的差异。但科学界已经证实除红细胞外，在白细胞、血小板乃至某些血浆蛋白个体之间也存在着抗原差异。通常说的红细胞血型，是指 ABO 血型系统，有 A、B、O 和 AB 四种血型。血液的分类原则为看红细胞上有无 A、B 抗原，即只有 A 抗原称 A 型，只有 B 抗原称 B 型，无 A、B 抗原的称为 O 型，有 A、B 抗原的称为 AB 型。血型可以遗传，父母各自传给子女一个基因，组成子女的血型，因此，我们可以根据父母的血型来推测子女的血型。

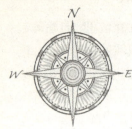
Great Inventions

器官移植——
改变人类命运的伟大发明

> 回眸 20 世纪的医学发展史，器官移植无疑是人类攻克疾病征程中的一座丰碑。从创立至今，移植学作为一门独立的学科不断发展，到了今天发展到临床应用阶段，它使成千上万的患者重获新生。器官移植堪称是 20 世纪医学领域的一个奇迹，并且它还不断向其他医学领域扩展。

孜孜以求，呵护人类生命健康

Great Inventions

人类一直有一个梦想，那就是用移植器官治疗各种疾病。在《列子》这本著作中，记载着神医扁鹊为人换心脏以治疗疾病的故事，这可以说是世界上最早记录有关器官移植的文献了。

在西方的文艺复兴时期，欧洲出现了想象移植肢体的油画。到了 16 世纪，开始有了牙齿移植的记载。从 18 世纪开始，一些学者进行了器官移植的动物实验。

1902 年，开始有学者利用套接血管法施行自体、同种和异种的肾移。1902~1912 年，学者首次用血管缝合法施行整个器官移植的动物实验。1912 年诺

❖ 神医扁鹊

贝尔医学奖获得者卡雷尔指出，由于存在一种"生物力量"对抗移植的器官，从而导致移植的失败，这种神秘的力量始终制约着器官移植的发展。1954年，人体肾移植手术首次成功。到了19世纪60年代，科学家发现人体内存在着一种白细胞抗原。这种抗原可以识别移植物，并将其视为"异己成分"进行排斥，从而导致"移植体——宿主反应"，严重者还会引起"移植体——宿主反应性疾病"，甚至导致移植失败以及移植器官的死亡。所以，人们的研究方向开始慢慢转向如何减少并控制这种反应。后来，美国医生默里发现细胞毒素药物或反射线可以抑制这种反应，并发现了咪唑硫螺呤这种细胞毒素药物，而美国医生托马斯则发现了氨甲碟呤这种细胞毒素药物。

1962年，美国科学家进行同种肾移植实验时，改用免疫抑制药物，首次获得成功。这标志着现代器官移植时期的开始，人类长期向往的器官移植疗法终于实现了。1968年，美国通过脑死亡的哈佛标准，在法律上保证可从心跳着的尸体上切取器官，这促进了临床外科器官移植的稳步发展。1989年，美国匹兹堡大学的一位器官移植专家，经过21个半小时的努力，成功地为一名患者进行了世界首例心脏、肝脏和肾脏多器官移植手术。20世纪90年代以后，移植学实现了突破性进展。存活率、移植数字、开展器官移植的单位大幅度增长，使器官移植日益成为常规手术。

器官移植能否使人类长生不老

如果器官移植技术发展到一定的程度，人的全身器官包括血液在老化后都能换掉，这样，人是否就能长生不老？

其实，人的寿命与基因有很大关系，基因决定了人的发育、生长和衰老。虽然人的脏器可以替换，但神经系统是不能替换的。

人是不能违背生老病死的客观规律的，器官移植只是一种治病的方法。

随着临床医学的飞速发展，器官移植已经从梦想变成现实，同时也产生了新的问题。但愿人类能够慎用技术，用它造福人类。

Great Inventions

左轮手枪——
50 米内最具杀伤力的武器

> 手枪的杀伤力主要取决于射程的远近和射击者的射击技术。左轮手枪在 50 米内是有很强的杀伤力。它的发明是人类手枪史上的又一次技术革命和飞跃，同时也体现了人类的智慧和探索精神。

用高科技捍卫国家尊严

Great Inventions

左轮手枪即转轮手枪，是一种手枪类的小型枪械。其转轮一般有五到六个弹巢，亦有高达十个弹巢的，子弹安装在弹巢中，可以逐发射击。转轮为了配合多数人使用右手的习惯，多为向左摆出，因此中文常称为"左轮手枪"，其实原意为"转轮手枪"，与左右没有任何关联。

实际上，在火绳枪和燧发枪时代，就出现过多种原始的转轮手枪，但需要用手拨动转轮，使用相当不便。当然，这种早期转轮手枪也具有结构简单、动作可靠、使用安全等优点。1818 年，美国人科利尔等三人成功发明了一种燧发转轮手枪，首次将击发机构的动作与转轮结合在一起，成为应用较早的转轮手枪。但是由于当时的工艺水平较差，价格昂贵，加上没有应用火帽，所以这种手枪未能得到广泛应用。

柯尔特于 1835 年发明的转轮手枪为火帽击发式，使用口径为 10.16 毫米的纸

❖ **左轮手枪**

弹壳锥形弹头，与现代转轮手枪相差无几。因此，人们一般将柯尔特称为"转轮手枪之父"。

❖ 柯尔特左轮手枪

1814年6月19日，柯尔特出生于美国康狄格涅州卡特伏德市一个普通家庭。他从小就是一个手枪迷，担任丝绸厂老师的父亲给他买来了各式各样的手枪，小柯尔特总要把每一种枪都拆开，以探究其内部的奥妙。

1831年，完成大学预科和阿默斯特学院学业后的柯尔特登上了一艘名叫"科沃"号的双桅船，开始了经好望角到英国和印度的旅行。大海茫茫，水天一色，双桅船在海上静悄悄地行驶着，在漫长的旅途中，柯尔特除了登上甲板，远望海鸟追逐轮船外，还经常跑到驾驶舱。舵手手扶舵轮，时而向左转，时而向右转，这引起了他浓厚的兴趣。一直琢磨着如何把新式击发枪原理与旧式转轮枪结合在一起的柯尔特突然爆发出灵感，他高声喊到："成功了！成功了！"把整个驾驶舱里的人弄得莫名其妙。

柯尔特连忙跑回船舱，模仿舵轮的结构绘制出一种全新的手枪图纸，并急不可待地用木头雕出击发式转轮手枪的模型。

回到美国后，柯尔特一头扑进转轮手枪的研制工作中。1834年，在来自巴尔的摩的机械工约翰·皮尔逊的协助下，柯尔特很快就制造成功了可以发射的样枪。

在柯尔特发明转轮手枪之前，所有的转轮手枪都是手动转轮手枪，而柯尔特的转轮是由待击发的击锤转动的，这种自动转轮手枪的诞生使过去所有的手动转轮手枪都相形见绌。与过去的转轮手枪相比，柯尔特转轮手枪有如下独特之处：弹仓作为一个带有弹巢的转轮，能绕轴旋转，射击时，每个弹巢依次与枪管相吻合。转轮上可装五发子弹，枪管口径为九毫米。而且，它采用当时最先进的撞击式枪机，击发火帽和线膛枪管，尺寸小，重量轻，结构紧凑，功能完善。

柯尔特不仅技术绝佳，而且很有经营头脑。他在发明转轮手枪后，一方面不断对其改进，从1847年至1860年间，他共改进与推出12种转轮手枪；另一方面，他将发明与实业结合在一起，他申请了八项专利，其中包括转轮手枪上的枪管、转轮弹膛和枪底把的连接方法等，而且建立了当时世界上最大的兵工厂——柯尔特武器制造公司。这期间他也遇到过挫折，自己的兵工厂创办六年后因难以维系倒闭。不过，1846年美国和墨西哥之间的战争使他时来运转。在陆军上尉S.H.沃克的支持和合作下，柯尔特在家乡康涅狄格州的哈特福德重建了自己的公司，他设计制造的0.44英寸M1847式转轮手枪被美国联邦政府大量购买。当然，柯尔特的转轮手枪也确实使美军得心应手。战后，柯尔特的公司迅速发展壮大起来，很快成为令世人瞩目的大公司。至今，该公司在世界上仍有着相当大的影响力。

世界上最小的左轮手枪

如果你只是认为这仅仅是一把很小的玩具枪，那么就大错特错了。这是瑞士制造出的世界上最小的袖珍左轮手枪——瑞士迷你枪。这款手枪只有5.5厘米长，配有特制的真子弹。这把2.34毫米口径的枪小得完全可以把它当作钥匙链挂在身上。这款左轮手枪由不锈钢制作而成，无论外观还是零部件都是严格按柯尔特公司的"ColtPython.357"型手枪的比例微缩制作而成。"瑞士迷你枪"虽然体型袖珍但威

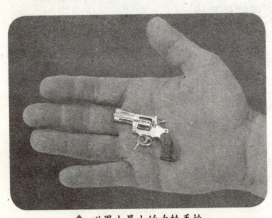

❖ 世界上最小的左轮手枪

力不小——可以将子弹射出112米，近距离杀伤性不容置疑。这款手枪使用的子弹也是目前世界上最小的，目前这款手枪售价为3000英镑。制造商同时还设计了几款镶有黄金和钻石的"精装版"，售价为3万英镑。

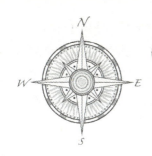

Great Inventions

防毒面具——
由猪拱地所想到的

防毒面具由过滤元件、罩体、眼窗、呼气通话装置以及头带等多种部件组成。这些部件各有分工，同时又能默契配合。防毒面具主要用于防化学武器袭击，戴在头上，能够保护人员的呼吸器官、眼睛和面部，防止毒剂、生物战剂、细菌武器和放射性灰尘等有毒物质的伤害。

防毒面具主要作为一种个人防护器材，对呼吸器官、眼睛及面部皮肤起保护作用。面具主要由面罩、导气管和滤毒罐组成。面罩能直接与滤毒罐连接使用，或者用导气管与滤毒罐连接使用。用户可根据防护要求分别选用配备各种型号的防毒面罩，目前它主要应用在化工、仓库、科研及各种有毒、有害的作业环境中。

然而，这么实用的工具是怎样被发明的呢？

一战期间，为争夺比利时伊泊尔地区，德军曾与英法联军展开激战，双方对峙有半年之久。1915年，为了打破欧洲战场长期对峙的局面，德军第一次使用了化学毒剂。他们在阵地前沿设置了几千个盛有氯气的容器，朝着英法联军阵地的顺风

❖ 防毒面具

方向打开瓶盖,把近两百吨的氯气释放出去。顿时,一片绿色烟雾腾起,并且以 3 米/秒的速度向英法的阵地飘移,一直扩散到联军阵地纵深达 25 公里的地方,结果导致 5 万英法联军士兵中毒死亡。不仅如此,战场附近的大量野生动物也相继中毒丧命。但是令人不解的是,这一区域的野猪竟意外地存活了下来。

这一现象引起了科学家们的关注。经过实地考察后,科学家们终于发现或许正是因为野猪喜欢用嘴拱地的习性,才使它们免于一死。每当野猪闻到强烈的刺激性气味后,它们就会用嘴拱地,以抵挡气味对鼻子的刺激。泥土被野猪拱动后其颗粒就变得较为松软,就能对毒气起到过滤和吸附的作用。由于野猪巧妙地利用了自身特有的"防毒面具",所以它们在这场氯气的浩劫中幸免于难。

英国军事科学家也深受启发,研制出了原始的防毒面具,但这种防毒面具并没有直接采用泥土作为吸附剂,而是选择使用吸附能力更强的活性炭。猪嘴的形状里能装入较多的活性炭用来过滤毒气,这就成为世界上第一批防毒面具。防毒面具经过多次改进后,采用的过滤材料更加先进可靠,对化学毒剂的吸附作用更强。

❖ 头戴防毒面具的士兵

防毒面具现在除了应用于军事之外,在有毒有害气体环境下工作的人群或者在缺氧的高空、水下或密闭舱室等特殊场合下工作的人们也在使用防毒面具。但一般民用防毒面具的结构没有军用的那么复杂,各项指标也不如军用的严格。针对民用的化学防护,科技工作者设计出具有多种不同外观和不同吸附效果的防毒面具来适应不同人群的需要。为了防止面部皮肤产生过敏的情况,高级的防毒面具的材质已经由普通橡胶改为用硅橡胶。

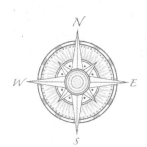

Great Inventions

坦克——陆地上的战神

坦克是一种在陆上作战的军事武器，有"陆战之王"的美称，它是一种具有强大的直射火力、高度越野机动性和很强的装甲防护力的履带式装甲战斗车辆，能够消灭反坦克武器，歼灭敌方发生力量。

坦克名字的由来，有一段有趣的经历和故事。第一次世界大战期间，交战双方为突破由堑壕、铁丝网、机枪火力点组成的防御阵地，打破阵地战的僵局，迫切需要研制一种火力、机动、防护三者有机结合的新式武器。英国人 E.D. 斯文顿在一次意外中发现，如果在拖拉机上装上火炮或机枪，它不就无敌了吗？

1915 年，英国政府采纳了 E. D. 斯文顿的建议，利用汽车、拖拉机、枪炮制造和冶金技术，试制了坦克的样车。

1916 年英国制造的"马克"I 型坦克，外廓

❖ 21 世纪的国产新型主战坦克

呈菱形，刚性悬挂，车体两侧履带架上有突出的炮座，两条履带从顶上绕过车体，车后伸出一对转向轮。当时为了保密，英国将这种新式武器说成是为前线送水的"水箱"（英文"tank"）。结果这一名称被沿用至今，"坦克"就是这个单词的音译。"马克"I 型坦克被称为坦克鼻祖。

关于坦克被称做"陆战之神"，这得从一场战斗说起。

1916 年 9 月 15 日，在法国的索姆河上，英国和德国军队正在进行着大规模的战斗，双方都坚守着自己的阵地，谁也没有突破对方阵地。

突然，从英军阵地上传来隆隆的巨大响声，一群钢铁碉堡似的怪物，冲出阵地，向德军阵地压去。德军士兵见到这些怪物，拼命朝它射击，还用大炮轰击，可是那怪物非但刀枪不入，还不停地打枪和发射炮弹。德国士兵一看这巨大怪物就要把自己碾成肉饼，吓得抱头鼠窜，整个军队顿时乱作一团。

结果这些钢铁怪物轻而易举地进入德国阵地，过去攻不可破的德军阵地就这样被英军轻而易举地突破了。从此，坦克在战场上的价值被军事家承认了，各国都纷纷研究，很快坦克就成了陆战主兵器，被誉为"陆战之神"。

❖ 英国一战中的"马克"I 型坦克

今天的坦克与一战中的坦克相比已经有了很大的改进。坦克已发展为具有强大直射火力、高度越野机动性和坚固防护力的履带式装甲战斗车辆。它是地面作战的主要突击兵器和装甲兵的基本装备，主要用于与敌方坦克和其他装甲车辆作战，也可以压制、消灭反坦克武器，摧毁野战工事，歼灭有生力量。

坦克的行驶速度已经高达 60 公里 / 小时，最远行程为 650 余公里，其最大爬坡约 30 度，且可越过宽 3 米的壕沟，翻过高为 1.2 米的垂直墙，涉水深度为 1.5 米，潜水深度为 5 米。

进入 21 世纪以后，坦克的总体结构有了突破性的变化，出现了外置火炮式、无人炮塔式等布置形式。火炮口径进一步增大，火控系统更加先进、完善；动力传动装置的功率密度进一步提高；各种主动与被动防护技术、光电对抗技术以及战场信息自动管理技术，逐步在坦克上推广应用。

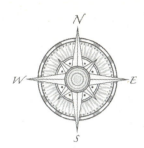

Great Inventions

航空母舰——
让飞机在大海上起飞

> 航空母舰是一种以舰载机为主要作战武器的大型水面舰艇。依靠航空母舰，一个国家可以在远离其国土的地方，不依靠当地的机场情况施加军事压力和进行作战。航空母舰的主要任务是以其舰载机编队，夺取海战区的制空权和制海权。

航空母舰简称"航母"、"空母"，是一种以舰载机为主要作战武器的大型水面舰艇，现代航空母舰及舰载机已成为高技术密集的军事系统工程。一般情况下，航空母舰是一支航空母舰舰队中的核心舰船，有时还作为航母舰队的旗舰。舰队中的其他船只则是为它提供保护和供给。

那么，航空母舰是如何发明的呢？

先从 1903 年说起，这一年，美国莱特兄弟的第一架带动力双翼飞机研制成功。飞机的出现轰动了全球，人们终于实现了飞天的梦想。此后，各国纷纷研制出各种飞机。飞机也开始广泛应用在军事领域，并屡建奇功。飞机在战斗中的巨大作用让人们不禁产生了更多联想：能否将飞机和军舰结合起

❖ 停泊的航空母舰

来，使其发挥出更大的威力呢？

20世纪初期，法国著名发明家克雷曼·阿德第一次向世界描述了飞机与军舰结合这个梦想。但是，当时法国军方正在全身心地研制水上飞机，并没有多少心思去关心这种"异想天开"的航母。幸运的是，阿德的创意在英伦三岛得到了热烈的反响，它点燃了英国人实现航母的梦想。

自此，英国海军开始了对航母的探索和研究。英国人查尔斯·萨姆森在1912年5月2日驾驶飞机从一艘行驶的战舰上起飞，他是第一个从航行的船只上起飞的飞行员。

让人惊讶的是，水上飞机母舰刚一问世，就在海战中发挥了不小的作用。1914年12月25日，"恩加丹"号、"女皇"号和"里维埃拉"号三艘水上

❖ "暴怒"号

飞机母舰连同巡洋舰和驱逐舰组成了一支英国特混舰队，受命前去袭击库克斯港的德国飞艇基地。因浓雾弥漫，飞行员没有找

到目标，只好改袭停泊在港内的舰队。然而，由于水上飞机所携带的炸弹威力太小，最终未能对舰队造成损害，只好无功而返。虽然这次袭击没有达到预期的目的，但它却向世人展示了以母舰为主的特混编队，从空中攻击敌舰的全新作战方法及其光明前景。

1915年8月12日，英国海军飞行员埃蒙斯驾驶一架从水上飞机母舰上起飞的肖特184式水上飞机，用一枚367公斤重的鱼雷成功地击沉了一艘5000吨级的土耳其运输舰。

1916年，英国的航母设计师总结水上飞机参战以来的经验教训，重新提出了如何研制能在军舰上起降飞机的航母的问题，并建议把陆基飞机直接用

用高科技捍卫国家尊严

Great Inventions

到航母上去。此后,英国的设计师们对航母的结构进行了很大的改进,并由此制造了世界上第一艘全通甲板的航母——"百眼巨人"号。它是由一艘客轮改建的,对它的改造于1918年9月完成。这艘航母的飞行甲板长168米,甲板下是机库,有多部升降机可将飞机升至甲板上。

❖ 航行中的航空母舰

"百眼巨人"号已经具备了现代航空母舰所具有的最基本的特征和形状,这一创举在世界航母史上谱写出新的篇章。

英国的"暴怒"号巡洋舰是第一艘为飞机同时进行起降作业提供跑道的船只,它的改造在1918年4月完成。舰体中部上层建筑的前半部铺设了70米长的飞行甲板用于飞机起飞,后部也加装了87米长的飞行甲板。同时,巡洋舰还安装了简单的降落拦阻装置用于飞机降落。1918年7月19日,七架飞机从"暴怒"号航空母舰上起飞,它们攻击了德国停泊在同德恩的飞艇基地,这是飞机第一次从航空母舰上起飞进行的攻击。

❖ 法国海军"戴高乐"号航母及舰载阵风M战斗机

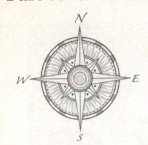

Great Inventions

潜水艇——
由**鱼**游水底所想到的

　　远在空军大量使用隐形技术之前，海军就已经大规模地使用隐形技术并取得了重大的战果，这就是海军的潜艇部队。应该说，潜艇是第一种被大量使用的隐形武器系统，而且其重要性将随着现代军事技术的发展而进一步增强。如今，潜水艇除用于作战外，还用于开发海洋资源和科学考察。潜水艇对人类社会的贡献日益增强。

对人类社会作出重大贡献的潜水艇是如何被发明的呢？这背后有一个十分有趣的小故事。

　　士兵布什内尔与同伴们下岗后，一起到海边散步。他们爬到礁石上，一边聊天，一边欣赏海景。

　　他们看够了远景，又观近景，发现海水十分清澈，生物在水中清晰可见。他们见一群活泼的小鱼自由自地游来游去，像是在觅食，又像是在玩耍。突然，一条大鱼悄悄地潜游过来，游到小鱼的下方后，猛地朝上一跃，咬住了一条小鱼，别的小鱼立刻吓得魂飞魄散，四散逃离。

　　布什内尔见了这场"海战"，觉得十分有趣。他由此受到启发：原来笨拙的大鱼就是这样逮住机灵小鱼的啊。如果我能造个像大鱼那样的船，潜在水中，神不知鬼不觉地钻到敌国战舰底下去放水雷，炸它个舰沉人飞，那我们不就胜利了？

　　他越想越入迷，直到同伴们喊他走，他还呆呆地坐着。"喂！你这是怎么啦，是不是想女朋友啦？"同伴拍了他的肩膀一下。

　　"我有办法了，能炸沉它！"布什内尔的话使同伴们莫名其妙。于是，他详细地向同伴说了自己的想法。

有的同伴对这个想法十分赞同，但也有人提出疑问："鱼在水中能自由地上浮下沉，可是船就不同了，浮在水上好办，沉入水中能行吗？"

布什内尔被问得无言以对。是啊，怎样才能使船既能浮上来又能沉下去呢？鱼为什么能这样呢？他一拍大腿："有了！鱼一会儿浮到水面，一会儿潜到水底，靠的就是它肚子里那个'鳔'。如果我们仿照鱼的特点给船造一个'鳔'，问题不就迎刃而解了吗？"

经过长期刻苦的探索研究，布什内尔带领同伴们制成了一艘真的可在水下潜行的船。他们本来是想仿照鱼的外形制造，但造成之后却像乌龟。因此，同伴们就为它取了个代号——"海龟"。

"海龟"底部有个类似鱼鳔的水舱，水舱内安有两个水泵。它的原理是船在水面，若要下沉时，就往舱里灌水；船在水下，若要上浮时，就把舱里的水排出，把空气压进水舱。

仿照鱼的鳍，"海龟"外部还安装了两台螺旋桨：一台管进退，一台管升降。此外，可以在"海龟"尾部加上舵，用来控制航向。

不久，他们决定检验"海龟"的威力。一天夜晚，布什内尔带着几个士兵，驾着"海龟"悄悄驶近敌国战舰，然后潜入水中，一直潜到敌国战舰

❖ 解放军海军列装的基洛级潜艇

底下，他们想要利用"海龟"顶部的钻杆钻穿敌舰，并在舰上放水雷。但是，他们没想到英舰底部包了很厚的一层金属，钻了一个多小时也没有钻穿。

这时士兵们在下面憋得难受，只好上来换气。英军发现了"海龟"，便开动战舰追过来。"海龟"吓得后退，但速度却怎么也快不起来，眼看就要被敌舰撞得粉身碎骨，在这生死存亡的关键时刻，布什内尔急中生智，迅速地解下备用的水雷，点着引线后，慌忙钻进"海龟"，"海龟"潜入了水中。敌舰正忙于寻找怪物的去向，突然舰旁一声巨响，战舰顿时起火。敌军一边救火一边扭转舰头逃跑，唯恐怪物再悄悄追来。从此，敌舰再也不敢肆无忌

惮地来布什内尔所在的阵地了。

最终，布什内尔和他的同伴们不断地改进，制成了潜水艇。潜水艇在海战中大显神威，在第二次世界大战中，德国的潜水艇击沉了英美大西洋舰队的 782 艘运输船，重创了英美的运输线。

二战后，世界各国海军十分重视新型潜艇的研制。核动力和战略导弹的运用，使潜艇的发展进入一个新阶段。

1955 年，美国建成的世界上第一艘核动力潜艇"鹦鹉螺"号正式服役，它的水下航速增大了 1 倍多，而且能长时间在水下航行。1958 年，"鹦鹉螺"号首次成功地在冰层下穿越北极。

1959 年前后，苏联也建成了核动力潜艇。

1960 年，美国又建成了"北极星"战略导弹潜艇"乔治·华盛顿"号，并在水下成功地发射"北极星"弹道导弹，射程两千余公里。弹道导弹核潜艇的出现，使潜艇的作用发生了根本性变化，它已成为活动于水下的战略核打击力量。

此后，英国、法国和中国也相继建成核动力战略导弹潜艇和核动力攻击潜艇。20 世纪 80 年代，核动力潜艇排水量已增大到 2.6 万余吨，装备有弹道导弹、巡航导弹、鱼雷等武器，水下航速 20 ~ 42 节，下潜深度 300 ~ 900 米，续航力、隐蔽性、机动性和突击威力大为提高。1982 年，英国和阿根廷在马尔维纳斯（福克兰）群岛海战中，英国海军核动力攻击潜艇"征服者"号，于 5 月 2 日用鱼雷击沉阿根廷海军巡洋舰"贝尔格拉诺将军"号，这是核动力潜艇击沉水面战斗舰艇的首次战例。至 20 世纪 80 年代末，世界上近 40 个国家和地区，共拥有各种类型潜艇 900 余艘。

随着科学技术的发展，潜艇的战斗技术性能进一步提高。其发展趋势是：发展艇体"隐身"、"降噪"技术，提高隐蔽性；研制高强度耐压材料，增大潜艇下潜深度；发展核动力潜艇大功率核反应堆，提高水下航速，延长堆芯使用寿命，提高在航时间；研制性能良好的氢氧燃料电池、钠硫电池和超导电机，以提高水下机动性；装备高效能的综合声纳、拖曳声纳和水声对抗设备，增大水下探测距离和提高水声对抗能力；提高导弹的射程、命中精度、打击威力，增加分导多弹头等抗反导能力；提高鱼雷的航速、航程和航深，并使其实现智能化；进一步提高驾驶、探测、武器和动力等系统以及其他设备的操纵自动化水平。

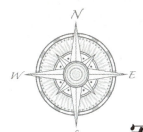

Great Inventions

导弹——
军事武器家族里的大哥大

> 导弹是人类最古老的发明之一，它广泛地应用于战争的方方面面，同时被誉为"军事武器家族里的大哥大"，足以知其威力之大。当今和平年代，导弹仍有其不可替代的地位。导弹技术是现代科学技术的高度集成，它的发展既依赖于科学与工业技术的进步，同时又推动科学技术的发展，因而导弹技术水平的高低成为衡量一个国家军事实力的重要标志之一。

导弹最初来源于原始人的投石器。投石器是人类所用的最早的投掷式兵器，其射程最远为 300 米。导弹则是一种依靠制导系统来控制飞行轨迹的可以指定攻击目标，甚至追踪目标动向的无人驾驶武器。如今最先进的洲际弹道核导弹的射程在 7000 英里以上，速度为 15000 英里 / 小时。从原始人掷出的石头，发展到洲际导弹，导弹的发展经历了一个漫长的过程。

人类导弹技术的开创者是冯·布劳恩。1912 年，冯·布劳恩出生在德国维尔西茨的一个贵族家庭，后来全家移居柏林。

冯·布劳恩的母亲是一位优秀的天文爱好者，她很注意培养布劳恩的好奇心。受母亲影响，布劳恩对宇宙空间产生了浓厚的兴趣，这成为一个科学家成长历程的开端。学生时期的布劳恩表现出了与众不同的科学精神。13 岁时，他在柏林进行了第一次火箭实验，可惜他被警

❖ 导弹发射图

察抓住，但这没有影响小布劳恩对火箭发射的兴趣。长大后，由于受德国科学家赫尔曼·奥博特的影响，冯·布劳恩专注于火箭制造。

早期的导弹只是在火箭的运载舱里装上炸药，因此它是在火箭的基础上发展起来的。20 世纪 30 年代，德国开始进行火箭、导弹技术方面的研究，并且建立了较大规模的生产基地。

二战中，布劳恩担任德国党卫军的高级军官。1936 年，布劳恩主持了德国在佩内明德的火箭研究中心建立的重点项目，即德国的 V-2 工程，它起始于 A 系列火箭的研究。由于 A 系列火箭经过不断的改进，其性能大大提高，戈培尔把它命名为"复仇使者"计划，所以其代号变为 V-2 工程。

作为主导者，冯·布劳恩研制了德国的一系列导弹。1939 年，德国成功发射了世界上第一枚导弹 A-1，从此人类的军事武器开启了一个新的时代。三年后，德国的 V-2 导弹试验成功，年底就定型投产。在当

❖ 投石器

时，V-2 导弹又被叫做"飞弹"。它全长 14 米，重 13 吨，直径为 1.65 米，最大射程是 320 公里，射高为 96 公里，弹头重 1 吨。从投产到德国战败，德国共制造了 6000 枚 V-2，其中 4300 枚用于袭击英国和荷兰。它们给这些国家带来了巨大的灾难。二战后期，德国还研制了"莱茵女儿"等几种地空导弹，以及 X-7 反坦克导弹和 X-4 有线制导空空导弹。

各国从德国的 V-1、V-2 导弹在第二次世界大战的作战使用中意识到导弹对未来战争的作用。第二次世界大战到 20 世纪 50 年代初，是导弹研究的早期阶段。美国、苏联等国在二战后不久，恢复了自己在二战期间已经进行的导弹理论研究与试验活动。英、法两国也分别于 1948 年和 1949 年重新开始着手导弹的研究工作。

导弹自第二次世界大战问世以来，受到各国的普遍重视，从而得以很快发展。20 世纪 60 年代初到 70 年代中期，导弹进入了改进性能、提高质量的

用高科技捍卫国家尊严

Great Inventions

全面发展期。

战略弹道导弹采用了较高精度的惯性器件，使用了可贮存的自燃液体推进剂和固体推进剂，采用地下井发射和潜艇发射，发展了集束式多弹头和分导式多弹头，大大提高了导弹的性能。巡航导弹采用了惯性制导、惯性——地形匹配制导和电视制导及红外制导等末制导技术，采用效率高的涡轮风扇喷气发动机和威力高的小型核弹头，大大提高了巡航导弹的作战能力，从而使导弹真正成为武器中的"大哥大"。

❖ 冯·布劳恩

导弹的使用使战争的突然性和破坏性增大，从而改变了过去常规战争的时空观念，给现代战争的战略战术带来了巨大而深远的影响。

中国导弹之父——钱学森

钱学森，中国现代著名科学家，中国科学院院士。他祖籍浙江杭州，1911年12月出生于上海。1934年毕业于上海交通大学机械系，1935年至1938年在美国麻省理工学院和加州理工学院留学，1936年获麻省理工学院航空工程硕士，1938年获加州理工学院航空、数学博士学位。他的导师为近代力学奠基人卡门。钱学森是卡门领导的美国最早的火箭研究机构——"喷气推进实验室"的主要成员。1947年至1955年间，他先后在麻省理工学院和加州理工学院任教授。

1955年，钱学森返回祖国，并立即投入到开创和发展新中国的力学和航天事业的工作中。他历任中科院力学所所长、中国科协主席、中科院院士、中国工程院院士等职，曾先后获得国家自然科学奖一等奖、国家科技进步奖特等奖、"国家杰出贡献科学家"荣誉称号和一级英模奖章。

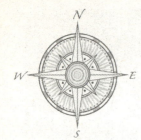

Great Inventions

军用直升机——
飞机中的战斗机

随着直升机家族数目的增加，越来越多高机能的直升机开始在现代战争中崭露头角。在越战中美国陆军装备的UH-1军用直升机向世界展现了其优越机能，并因此一战成名。军用直升机素有"低空杀手"的称号。地面防空系统仍然是一种被动的防御方式，它可以给军用直升机的行动造成困难，却无法阻止军用直升机升空作战。随着低空、超低空空域争夺的日益激烈，目前世界各国加大了军用直升机的研制力度。

1483年，意大利艺术家达·芬奇绘制了一幅安装有一个大型垂直螺旋桨的飞行器草图。他指出，如果螺旋桨旋转得足够快的话，飞行器就能够升到空中。但不幸的是，达·芬奇并不清楚飞行器在螺旋桨静止的情况下会产生旋转的扭矩现象，而且在他生活的时代也没有为螺旋桨旋转提供驱动力的引擎装置。

1877年，意大利工程师恩里科·弗拉尼尼和法国人居斯塔夫·庞顿·德·阿姆考特尝试制作一架以蒸汽为动力的直升机模型。他们的模型在一根共用的轴上装上一对朝相反方向旋转的旋翼，并且装有一台小型蒸汽引擎。这架蒸汽动力直升机最高曾飞到了15米，并在空中盘旋了近一分钟。

1905年，英国工程师曼福特设计了一个竹制机身的机器，该机器装配了六个7.5米的螺旋推进器，这个设计获得了一项发明专利。

1907年法国工程师布雷盖·里歇和他的兄弟雅克也开始尝试用汽油燃机作为直升机的引擎，他们建造了一架装有四副旋翼的飞行器，每副旋翼由一对双翼桨叶组成，总共有16片巨大的桨叶。他们制作的这架直升机很笨重，布雷盖的一位助手被绳子拴着站在上面，提升到距离地面60厘米的高度，并

用高科技捍卫国家尊严

Great Inventions

在空中停留了一分钟左右。

同样在 1907 年，法国自行车工程师保罗·卡努在法国西北部的里济厄进行了首次直升机自由飞行实验。保罗·卡努的直升机装有两副旋翼，但是此次飞行持续的最长时间只有 20 秒，距离地面的高度也只有两米。

俄裔美国工程师伊戈尔·西科尔斯基于 1919 年移居美国，在那里建造实验性的直升机。其他的科学家也相继加入到攻克这一技术难题的队伍中，其中包括美国电气工程师皮特·库珀·休伊特、法国科学家布雷盖和杜兰德、德国科学家海因里希·福克。福克研制的 Fa-61 双子旋翼直升机能够以 120 公里／小时的速度向前和向后自由飞行，并且飞行的高度也可达 2400 米。Fa-61 还创造了空中飞行停留时间的最长纪录——1 小时 20 分钟。1938 年，德国飞行员汉娜·里特斯驾驶该飞机飞入柏林的上空。

❖ 军用直升机

1939 年，西科尔斯基研制并建造了第一架实用型的单旋翼直升机并且试飞成功。这种直升机能够垂直起飞，最大的飞行速度可达 70 公里／小时。这架直升机拥有一个封闭的机舱，网格结构的机尾上装有一个小型的垂直推进器，用于调节控制直升机的飞行方向。这一设计就解决了单旋翼飞机中长期存在的扭矩问题——扭矩的作用力会使整个机身旋转。

在第二次世界大战的前期，各国都不同程度地将直升机应用到了战场上。其中，美国和英国军队装备了改进型的西科尔斯基 VS300 直升机。美国军队在 1942 年 5 月，首次装备了这种改进型的直升机。1943 年，英国皇家海军则装备了性能更强的西科尔斯基 R-4 直升机。

军用直升机在朝鲜战争中得到了更广泛的使用，主要起到了运输军队和伤员的作用。

在越南战争中，美国军队第一次将武装直升机作为空中炮火的支援引入到战场中，其强大的火力支持和机动灵活的特点使之成为战场中一种可怕的战争利器。

Great Inventions

次声武器——声音也能杀人

> 次声波武器，就是指能发射出 20 赫兹以下的次声波的大功率武器装置。人们平常可以听到的声音是 20~20000 赫兹频率范围内的声波，低于 20 赫兹的就是次声波。次声波之所以会被用做军事武器，是由于次声波和人体器官的固有频率相近，它们相遇时就会产生共振。次声波与人体器官的共振，会导致器官变形、移位、甚至破裂。

1948 年初的一天，一艘满载货物的荷兰商船准备穿过马六甲海峡，船员们正在船上紧张地忙碌着。海上，风高浪急。突然间，这些体格健壮的船员们全都倒在了船上，船也失去了控制，漂荡在海上。事后，警方对这起事故进行缜密的调查后发现，所有死者既没有被砍伤的痕迹，也没有中毒的迹象。但令人费解的是，在解剖尸体后却发现死者的心血管全都破裂了。

1986 年的一天，在距离法国马塞的一个声学研究所 16 公里的一个村子里，正在田间干活的 30 余人同时无缘无故地暴毙。

❖ 次声波与海难事故

专家对此调查后发现，这两起事件都是由次声波造成的。

次声波是一种频率低于 20 赫兹的声波，所以又被叫做"低频次声"。次声波的最大特点就是来源广、传播远、穿透力强。虽然次声的声波频率很低，一般都在 20 赫兹以下，但是由于它的波长很长，所以它能传播很远的距离。而且它比一般的声波、光波和无线电波都要传得远。比如说，频率低于 1 赫兹的次声波，就可以传到几千以至上万公里以外的地方。次声波本身具有极强的穿透力，它不仅可以穿透大气、海水和土壤，而且还能穿透坚固的钢筋水泥构成的建筑物，甚至连坦克、军舰、潜艇和飞机都不在话下。由于次声波频率很低，大气对其吸收甚小，当次声波传播到几千公里以外时，它被大气吸收的还不到万分之几，所以它能传播很远的距离。次声波如果和周围的物体发生共振，就能释放出相当大的能量。比如 4 ~ 8 赫兹的次声波在人的腹腔里产生共振，就可以使心脏出现强烈共振和肺壁受损。所以，有时地震或核爆炸所产生的次声波能够将岸上的房屋摧毁。

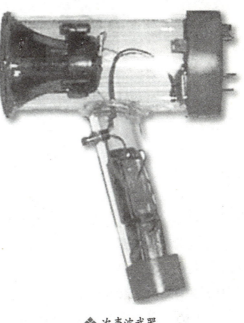

❖ 次声波武器

这样，马六甲海峡的那桩海难事故就不难解释了。货船行驶到海峡附近时，正好遇到海上的风暴，风暴在与海浪摩擦时就产生了次声波——这次声波就是凶手。海员们在与风浪进行顽强抵抗时，在心理、精神和情绪上，都会高度紧张。因而在次声波的作用下，他们的心脏及其他内脏都受到冲击，最终导致血管破裂，最后暴毙。

同理也可以这样解释马塞的那起事件。当时附近的那间声学研究所正在进行实验，由于粗心大意，次声波泄漏后"冲出"实验室，与农民身体产生共振，杀死了许多人。

次声波实际上只要达到一定频率和功率的要求，就能够将人置于死地。因为在空气中次声传播速度高达 340 米 / 秒，在水中的传播速度更快，可以达到 1500 米/秒，而且它在传播过程中不会发出声音和光亮。所以，它能够作为精良的武器，在不知晓的情况下袭击敌人。其次，次声波能传播得很远。无论是在大气、水还是地层中，次声波都不容易被吸收。次声波不仅能穿透建筑物、掩蔽所、坦克和潜艇等，而且还具有极大的破坏性，甚至能使飞机解体。

次声波能产生这么神奇的功效和巨大的杀伤力，自然也就引起了专家们的注意。根据次声波引发的破坏现象，人们逐步认识到它杀人于无形的威力。一些国家利用次声波对人产生的巨大危害性，悄悄研制次声波武器。

德国人在二战时期就开始秘密研制次声武器了，他们试图利用该武器产生的"大声效应"来消灭敌军士兵或者让他们丧失战斗力。1940 年，德军计划向英国人投掷一批经过专门录制、加进次声，并且有著名音乐家签名的

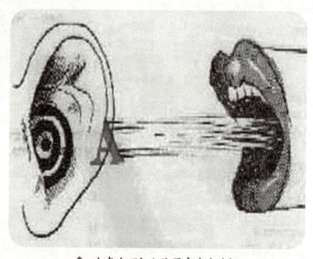

❖ 次声波可与人体器官产生共振

留声机唱片。这些唱片能够让听者出现慌乱、恐怖感及其他精神失常现象，从而造成骚乱。不过，德军的这一计划并没有实现。虽然如此，纳粹科学家仍成功地进行了可作用于物体的次声武器的实验。

奥地利科学家齐珀梅耶利用次声波制造出了一种能产生旋风的"旋风加农炮"，这种武器主要利用特殊的喷嘴，通过炮弹爆破，制造出旋风，进而产生攻击波，这种攻击波可以击落飞机。

目前专家们研制的次声波武器主要有两类：一类用于干扰人的神经，这类武器的振荡频率能够接近人脑的阿尔法节律。人的神经在受到这类次声波武器的干扰后，容易发生错乱，使人癫狂不止，最终丧失战斗力。另一类次声波武器的振荡频率接近于人体内脏器官的固有振荡频率。此类次声波武器在和人的内脏发生共振后，能够对人体生理产生强烈影响，甚至能导致死亡。

用高科技捍卫国家尊严

Great Inventions

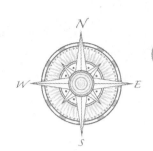

Great Inventions

原子弹——
秘密进行的曼哈顿计划

原子弹是利用核反应的光热辐射、冲击波和放射性造成杀伤和破坏作用，以及造成大面积放射性污染，阻止对方军事行动以达到战略目的军事武器。原子弹的威力之大、破坏性之强，令其他武器黯然失色。一颗原子弹可以使一座城市刹那间夷为平地。1945 年 8 月 6 日，美军在日本广岛、长崎投下两枚原子弹，迫使日本天皇无条件投降。

原子弹的发明是 20 世纪 40 年代前后科学技术重大发展的结果。1939年初，德国化学家哈恩和物理化学家斯特拉斯曼发表了铀原子核裂变现象的论文。几个星期内，许多国家的科学家验证了这一发现，并进一步提出有可能创造这种裂变反应的条件。

从 1939 年起，由于德国扩大侵略战争，欧洲许多国家开展科研工作日益困难。当年 9 月初，丹麦物理学家玻尔和惠勒从理论上阐述了核裂变反应过程，并指出能引起这一反应的最好元素是同位素铀235。正当这一研究成果发表时，英、法两国向德国宣战。1940 年夏，德军占领法国，法国物理学家约里奥·居里等一部分科学家被迫移居国外。

二战期间，美国聚集了大批从欧洲迁来的物理学专家，这为美国率先成功研制原子弹创造了极为有利的技术条件。匈牙利物理学家齐拉德·莱奥和另几位从欧洲移居美国的科学家奔走推动研制原子弹计划，于 1939 年 8 月由物理学家爱因斯坦写信给美国第 32 届总统罗斯福，建议研制原子弹。科学家们的热切行动，虽然引起了的罗斯福总统注意，但美国政府并不是十分重视这件事。因此，美国政府仅仅拨付了 6000 美元的研制经费。

1941 年 12 月 7 日，珍珠港事件爆发了。珍珠港的耻辱，使美国上下，尤其是国会和总统认识到了事态的严重性。因此，国家下令开始集中力量研究原子弹。从 1942 年 8 月 13 日起，美国在纽约以东的曼哈顿地区建立了一个研究机构，把原子弹的研制计划命名为"曼哈顿工程"，并列为国家"绝密"项目，到 1942 年 8 月发展成代号为"曼哈顿工程区"的庞大计划，直接动用的人力约有 60 万人，投资达 20 多亿美元。

1942 年 12 月 2 日，在芝加哥大学斯塔格运动场的看台下，由费米领导建成了历史上第一座铀—石墨反应堆。当天下午 3 时 36 分开始，裂变反应持续了 28 分钟，并制造出 0.5 克钚。这是人类历史上第一次实现人工控制的核反应，为原子弹的制成提供了可靠基础。研究人员经过不断的试验、研究，终于在 1945 年 7 月制出了三枚原子弹，并在新墨西哥州阿拉默果尔多空军基地的沙漠进行了一次试验。7 月 16 日，人类历史上第一颗原子弹开始起爆。爆炸的巨响在 160 公里以外都能听到，高大的蘑菇云上升至 5334 公里的高空。

1945 年 5 月德国投降后，美国于 8 月 6 日、9 日先后在日本的广岛和长崎投下了仅有的两颗原子弹，直接促使日本无条件投降。

我国第一颗原子弹试爆成功

1945 年 7 月至 1952 年 10 月，美、苏、英、法分别进行了多次核试验，一场核军备竞赛日趋白热化。"原子弹就是那么大的东西，没有那东西人家就说你不算数。那么好吧，我们就搞一点吧。"毛泽东当年的一席话，看似轻松却斩钉截铁。1958 年 4 月，沉寂千年的罗布泊沸腾了。千军万马风沙里野炊，寒星下露营，核试验事业的先驱们在这里开始了艰苦卓绝的创业。

1964 年 10 月 16 日 15 时，一声"惊雷"传遍全中国，传向全世界——中国第一颗原子弹试验成功！这一消息对于中国人民来说，它产生的精神力量是无与伦比的。由此，我国成为了继美、苏、英、法之后世界上第五个自行研制原子弹并成功实施核爆炸的国家。

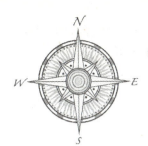

Great Inventions

侦察卫星 —— 空中的间谍

目前，世界各国竞争日趋激烈，每个国家都对外做着严格的保密工作，然而，侦察卫星却可以轻松获取别国机密，因此，它被认为是 20 世纪军事领域取得的最重大的突破之一。除了应用于军事外，侦察卫星也广泛应用于农业、森林、水文及环境保护、地质、地理、海洋等许多领域。

侦察卫星又称"间谍卫星"，是用于获取军事情报的军用卫星。侦察卫星利用所载的光电遥感器、雷达或无线电接收机等侦察设备，从轨道上对目标实施侦察、监视或跟踪，以获取地面、海洋或空中目标辐射、反射或发射的电磁波信息，用胶片、磁带等记录器存储于返回舱内，在地面回收或通过无线电传输方式发送到地面接收站，经过光学、电子设备和计算机加工处理，从中提取有价值的军事情报。

❖ 翱翔在太空中的侦察卫星

侦察卫星按任务和设备的不同分为照相侦察卫星、电子侦察卫星、海洋监视卫星、预警卫星和核爆炸探测卫星。侦察卫星具有侦察面积大、范围广，速度快、效果好，可以定期或连续监视，

❖ 侦察卫星发射中

不受国界和地理条件限制等优点。侦察卫星主要应用于军事领域。侦察卫星可以在160公里的高空发现0.3米大的目标。而在1915年，飞机在900米高空处都探测不到地面上的士兵。侦查卫星拍摄到的侦察照片的分辨率可以和航空侦察照片相媲美。

提起侦察卫星，就要从20世纪50年代末的苏联说起。苏联于1957年8月21日成功发射了第一颗洲际导弹，又于10月4日成功地把世界上第一颗绕地球运行的人造卫星送入轨道，从而开辟了高空侦察的新天地。这一系列的成果让美国产生了强烈的恐慌。美国不甘示弱，开始了侦察卫星的研制和发射工作。1959年2月28日，美国加利福尼亚州范登堡空军基地成功发射了人类历史上的第一颗侦查卫星。美国谍报部门称这颗侦查卫星为"发现者1号"。

自从第一颗侦察卫星成功发射后，美国大尝甜头，从此不断地研制和发射侦察卫星。此后美国发射的侦察卫星不论是工作寿命，还是相机分辨率及情报的传递，都取得了长足的进步。到今天为止，美国的侦察卫星已经发展了五代。当然，在美国成功发射了第一颗人造卫星后，苏联也不敢懈怠而奋起直追。苏联从1962年开始到解体时平均每年发射侦察卫星30余颗来监视美国、欧洲

❖ 侦查卫星

和整个世界。在同美国的角逐中，它发射卫星的数量竟是美国的七八倍。

从以上情况来看，苏联和美国这两个世界上的"超级大国"都对侦察卫星格外钟情，把它当做"超级间谍"来使用。据统计，美国和苏联两国的战略情报有70%以上是通过侦查卫星获得的。可以说，侦查卫星的数量和发射次数，已经成了国际政治、军事领域内斗争的"晴雨表"了。

既然侦察卫星的作用这么大，那么侦查卫星是使用怎样的手段来侦查呢？

早期侦察卫星最主要的侦查手段是利用可见光波段的照相机。随着科技的进步和情报种类的多样化，现在的侦察卫星使用的搜集手段可以大致上区分为主动与被动两大类。主动手段就是由卫星发出讯号，借由接收反射回来的讯号分析其中代表的

❖ 军用侦查卫星

意义。譬如说利用雷达波对地面进行扫描以获得地形、地物或者是大型人工建筑等的影像。被动手段是搜集并分析被侦查的物体发射出来的某种讯号。这种侦查方式是最为常见的一种，包括使用可见光或者是红外线进行照相或者是连续影像录制，截收使用各类无线电波段的讯号，比如各种雷达与通讯设施等等。

另外，侦查卫星"侦查工作"成败的关键在于它能否把偷窃到的军事情报及时准确地送回。目前有效的方式之一是在侦察卫星的头部放一个回收舱，把拍好的胶片贮存在回收舱的暗盒里。

现阶段，随着国际形势的变化，侦查卫星不仅仅用于军事领域，还被人们广泛应用在海洋、环境、卫生等多个领域。它从多个方面越来越多地为人类造福。

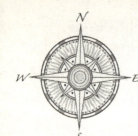

Great Inventions

隐形飞机——看不见的杀手

飞机体型巨大，即使在万米高空，人们也可清晰看到飞机的轮廓。然而"隐形飞机"的出现，大大颠覆了人们对于飞机的这种传统认识。隐形飞机一经推出，便引起了军事领域的又一次技术革命。"隐形飞机"被广泛地应用于军事战斗领域，被称为"看不见的杀手"。

用高科技捍卫国家尊严 *Great Inventions*

隐形飞机是一种专门用于夜行的飞机。由于采用了某种特殊技术，使它对雷达波的反射面积比飞行员头盔的反射面积还小，因此敌方雷达很难发现，因此它又被称为"隐形战斗机"。

隐形飞机被广泛地应用于军事领域。在 1991 年的海湾战争中，美国使用了 F-117A 型隐形战斗机，在对伊位克的地空导弹基地、指挥中心和"飞毛腿"导弹基地等进行轰炸中，投弹命中率竟然高达 80%。它素有"战斗机中的骄子"的美誉，这与它独特的隐形能力是分不开的。

那么，是什么让隐形飞机成功隐形呢？让我们看看隐形飞机在设计上遵循的规律。隐形飞机最重要的两种技术是形状和材料。

首先，隐形飞机的外形上避免使用大而垂直的垂直面，而是采用凹面，这样可以使散射的信号偏离力图接收它的雷达。例如，SR-71"黑鸟"飞机和 B-1 隐形轰炸机采用弯曲机身；贝尔 AH-1s"眼镜蛇"直升机最

❖ F-22

先采用扁平座舱盖；在海湾战争中发挥重要的 F-117A"大趋势"隐形战斗机采用多面体技术等。这些飞机的造型之所以较一般飞机古怪，就是因为特种的形状能够完成不同的反射功能。

其次，隐形飞机采用非金属材料或者雷达吸波材料，吸收掉而不是反射掉来自雷达的能量。通过把雷达吸波材料与雷达能量可以透过的刚性物质相结合，形成雷达吸波结构材料。这种材料还属于保密的吸波材料之一。运用这种最新的材料，隐形飞机在雷达上反射的能量几乎能够做到和一只麻雀的反射能量相同，从而使仅仅通过雷达就想分辨出隐形飞机是非常困难的。

❖ F-117

另外，尽量减少机身的强反射点或者说是"亮点"、发动机的噪声以及机体本身的热辐射等，也可以减小飞机暴露的几率。例如，SR-71"黑鸟"飞机就采用闭合回路冷却系统，把机身的热传给燃油，或把热在大气不能充分传导的频率下散发掉。

作为第一代隐形飞机，F-117 于 2008 年退役并被 F-22"猛禽"所代替。F-22 同时兼顾了隐身性能和机动性能，其机身结构大量采用先进的复合材料，所采用的发动机的推重比在 10 一级，具有优良的作战性能。另外，普通雷达一般可在飞机距离 400 公里时探测到其位置，而 F-22 只有在 20~30 公里的近距离才能被探测到。F-22 全面的雷达散射截面比一只鸟还小，甚至可以用昆虫来形容。由此足见 F-22 在"隐形"方面的先进性了。

然而目前世界上最先进的隐身飞机是 F-35 战斗机。F-35 的隐形技术与 F-22 大同小异。F-35 被认为是一种缩小版的 F-22。它汇聚了众多尖端技术，笼罩着"世界最先进"的光环，又有着"世界战斗机"的美称。F-35 虽然获得了隐形能力，但它所携带武器的重量、数量及种类却受到了限制。所以在未来战争中，F-22 还是扮演着最重要的角色。结合 F-22 和 F-35 的各自优势，二者将形成高低搭配的格局。F-22 可飞高空，负责同敌方战机作战，F-35 可

❖ F—35

飞低空，负责对地攻击，从而可以将二者的"战斗"潜能充分地发挥出来，实现隐形飞机最大的"战斗"机能。

如今，随着材料技术和更新的技术的出现，隐形飞机的隐形能力越来越强。当然，随着科技发展的日新月异，不远的未来，隐形技术将被广泛地用于各个领域，为人类的生产生活作出更大的贡献。

隐形飞机的缺陷

在现代战争中，隐形飞机发挥着重要作用。随着新材料的不断出现，隐形飞机的隐形能力越来越强，其作用也越来越突出。虽然，隐形飞机依靠特殊的材料和巧妙的形状能够在很大的程度上隐身，但那只是针对一般的探测设备而言，我们仍有很多方法可以发现隐形飞机。如米波雷达就能让隐形飞机留下痕迹。另外，人们也可以利用先进的战术来击落隐身的飞机。有得必有失。为了隐形，隐形飞机牺牲了一些技术性能，例如隐形飞机的机动性。同时，它造价昂贵，维护也非常麻烦，这些都让一般国家难以负担。

❖ 俄罗斯新型隐形飞机

用高科技捍卫国家尊严

Great Inventions